まだある。

今でも買える"懐かしの昭和"カタログ ～おやつ編 改訂版～

初見健一

大空ポケット文庫

凡例

❶本書には、六〇〜七〇年代の、いわゆる「高度経済成長期」に発売された商品、または、この時代を子どもとして生きた人々の記憶に強く残っていると思われる商品を中心に、一〇〇点の食品や飲料を掲載した。当時の「子どものおやつ」に多用されたもの、また、子どもにもよくあてがわれた「大人（両親や祖父母）のお茶菓子」に用いられたものを選択の基準としている。

❷商品の流通には地域差があり、従って商品にまつわる記憶にも地域差が出るが、本書では視点を当時の東京に置いた。しかし、いくつかの例外をのぞいて、全国規模で認知されている商品を選別した上で掲載した。

❸商品は発売年順に羅列した。メーカー側が発売年を正確に特定できないものについては、「一九六〇年ごろ」「一九六〇年代前半」などと表示した。メーカーでは発売年不明だが、工場や問屋、店舗などでおおよその発売年が推定できたものは、大まかな年代を記載した。また、まったく年代が特定できないものは「発売年不明」とした。

❹原則として、販売期間・数量限定の「復刻商品」は除外した。しかし、期間も数量も限定されていない「復刻商品」については掲載した。

❺価格については、原則としてすべて税抜きで表示した。メーカーが本体小売価格を設定している場合はその金額を、メーカーの方針により一定の価格表示ができないものについては「オープン価格」「販売店によって異なる」などと表示した。

まだある。

今でも買える〝懐かしの昭和〟カタログ ～おやつ編 改訂版～

こんぶ茶

とりあえず気分を変えたい、というときは喫茶店に入ることにしている。できれば下町方面の路地にあるような場末感漂うお店がいい。フランス人形とこけしと木彫りのクマとトーテムポールがいっしょくたに飾られているようなお店。「原稿が間に合わないっ！」といった悲壮な気分でこういう店に入り、しばらくボーッとしていると時間の感覚が消えてしまう。一時的な「失踪」というか、社会生活からの「逃亡」というか。で、再び店を出るときには「ま、なんとかなるんじゃないでしょうか？」という程度には気分が修復されていて、めでたく「社会復帰」できるのである。

そういう喫茶店のメニューには、今も昆布茶が残っている。さすがに頼んだことはないが、子ども時代、家ではときどき親のマネをして飲んだ。もちろん、あの赤い缶に入った玉露園製「こんぶ茶」。「龍角散」についてくるような小さなスプーンで、ほんのちょびっと粉をすくって湯飲みに入れる。それだけでなんだかシミジミしてしまう。場末の喫茶店同様、「こんぶ茶」にも人を「ほっ」とさせる効用があると思う。

●こんぶ茶

発売年：1918年　価格：45g缶330円
問合せ：玉露園食品工業株式会社／
03-3260-6464

北海道羅臼産のラウス昆布を100%使用。健康食品としての注目も集めており、また、調味料としてお吸いものなどに利用されることも多い。右は姉妹品の「うめこんぶ茶」(40g缶330円)

カルケット

中央製菓が「乳菓カルケット」を発売したのは大正時代。「お医者がすすめる滋養のお菓子」として、若いお母さんたちの間に普及した。我々世代には明治製菓の商品という印象が強いが、同社が販売を行ったのは一九七二年から。さらに株式会社カルケットに引き継がれ、二〇〇三年に新生「カルケット」としてリニューアルされた。

初めて食べたときの記憶はもちろん失われているが、おそらく歯の生えそろったころのことだろう。ただ、三、四歳のころ、家族で「行楽」へ出かけるときなどに母親が車に持ち込むバスケットのなかに、必ず「カルケット」の箱が入っていたことは覚えている。小学生になってからもときおり口にした。妙な羞恥を感じてはいたが、「カルケット」のほかにも、ものごころがつく前後によく食べていた「赤ちゃんお菓子」を、たま〜に食べてみるのが好きだった。味の連想で失われた幼児期の記憶がふっとよみがえり、自分自身が「あっ」と驚かされる、そういう一種のトリップが楽しかった。「懐かしい」という感覚は、大人だけのものではないのである。

●カルケット

発売年：1920年　価格：120円
問合せ：株式会社カルケット／0299-48-1157

カルシウム、鉄、ビタミン、オリゴ糖をバランスよく配合した栄養機能食品。大正時代にはまるで薬のような「効能書き」とともに販売された。乳幼児のおやつとしてだけでなく、授乳期の母親や高齢者の間食、病人食などとしても幅広く利用される

黄金糖

「『黄金糖』？　ああ、あの『純露』みたいなヤツね」という認識の人が多いと思うが、これは大きな間違いである。「黄金糖」が「『純露』みたいなヤツ」ではなく、あくまでも「純露」が「『黄金糖』みたいなヤツ」なのだ。『まだある。食品編』で解説したとおり、ＵＨＡ味覚糖「純露」の発売は一九七一年。一方で「黄金糖」はなんと大正末期に誕生している。製造元の社名はズバリ、株式会社黄金糖。この名称からもわかるとおり、「黄金糖」は同社創業時からの看板商品なのである。

最高純度の砂糖、水飴、そしてメーカーの地元である奈良の天然水のみでつくられる「黄金糖」は、要するに日本古来のべっこう飴。発売当初は「高級品」として名を馳《は》せ、かつては日本航空などの機内食に採用されたこともある。特に関西圏にファンが多く、煮物などの隠し味として調味料的に使われることも多い。「純露」も踏襲しているあの独特の形状は、「食べる宝石」をイメージしたもの。また、成型用の型からアメを取り出す際、あの形がもっともはずしやすいのだそうだ。

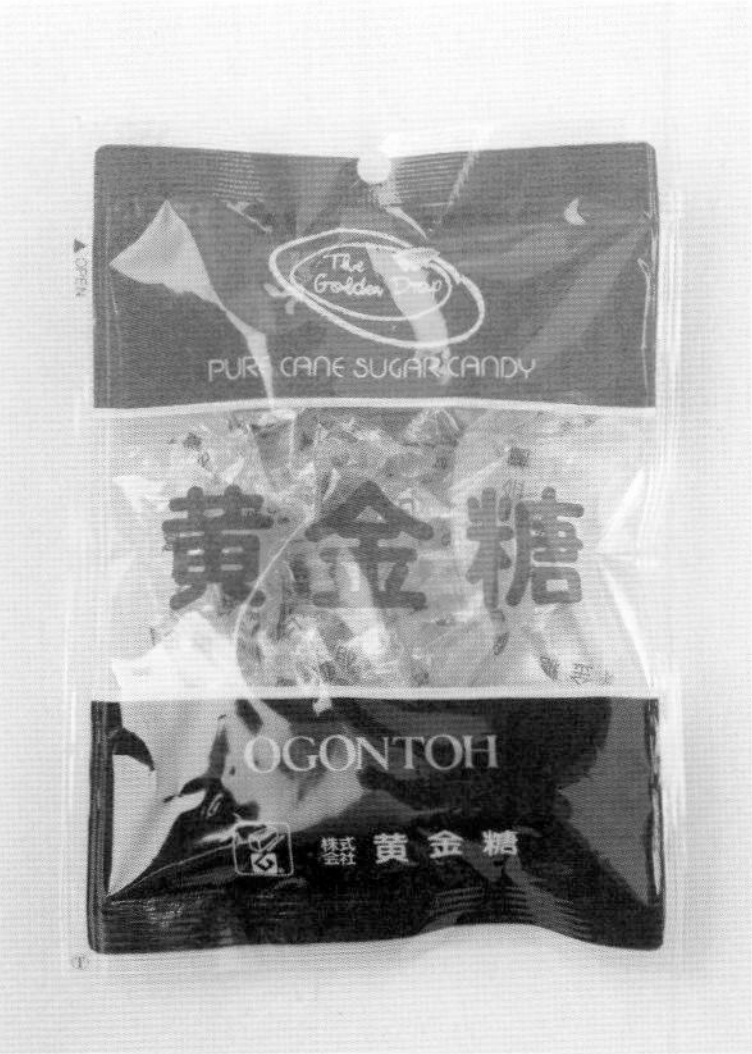

美しい金色と濃厚な甘さが、縁日で味わったべっこう飴を思い出させてくれる。ところで、筆者が育った東京・渋谷では「口裂け女」はべっこう飴が大嫌いで、「べっこう飴っ！」と叫べば撃退できるとされていた。逆にべっこう飴は「口裂け女」の大好物、としていた地域も多いらしい

●黄金糖

発売年：1923年　価格：オープン価格

問合せ：株式会社黄金糖／0743-52-1501

サンヨーのフルーツ缶詰

白字でデカデカと「ＳＵＮＹＯ」のロゴが入った緑色の缶詰。あまり共感は得られないと思うが、この缶は筆者にとってお正月のイメージなのである。我が家では昔から「各種フルーツのゼリーよせ」がおせち料理に組み込まれていた。年もおしせまってくると、台所や冷蔵庫のなかに、伊達《だて》巻き、カマボコ、きんとん用の栗、黒豆、数の子など、次々に買い込まれるおせちの食材が徐々に増えてくる。それに比例して、こちらの「♪もういくつ寝るとお正月」というワクワク感も高まるのだが、チェリー、パイン、白桃などのサンヨーのフルーツ缶がズラリと並びはじめると、台所はいかにも「非日常」っぽくなってきて、いよいよお正月！という気分になったものだ。

サンヨー堂の創業は、なんと明治初頭の一八八〇年。「野菜缶詰」から出発し、「山陽堂」→「逸見山陽堂」と名を変えながら、肉や魚介の缶詰を中心に製造していた。おなじみのサンヨー印のフルーツ缶詰が登場するのは一九二六年ごろ。その後、缶詰の老舗メーカーとして、各種商品で農林水産大臣賞などの賞を多数受賞している。

1920年代からの看板商品「白桃」「みかん」、33年発売「フルーツポンチ」、50年発売「フルーツみつ豆」、そして「パインアップル」。図鑑の細密画みたいなイラストが素晴らしい。まるでポップアートのような美しさで、昨今ではキッチュな指輪にアレンジされて、ガチャガチャのネタになったりしている

●サンヨーのフルーツ缶詰

発売年：1926年ごろ　価格：オープン価格
問合せ：株式会社サンヨー堂／電話番号非掲載

かりんとう

普通の黒糖かりんとうに懐かしさを感じる人は少ないと思うが、とにかく写真を見ていただきたい。「おっ、こういうの食べたなぁ」というものが二、三点はあると思う。これらはすべてかりんとうの仲間。最近では見かけなくなったものも多い。

左端の黒糖は説明不要だが、その隣上段、ツートーンの四角は「兵長」。陸軍階級章を模してつくられたもの。かりんとうの「和み系」イメージに反し、勇ましいお菓子なのである。その右横のヒョロッとしたのは、そば生地を使用した「二色そばかりんとう」。その隣のふたつのカサ型は、黄色が「さつまいもかりんとう」、ピンクが「うめかりんとう」。どちらも陣笠をイメージしたもの。下段右端のグリーンは「ほうれん草の板かり」。筆者個人としては次の二点にビビッときたが、白いアメのようなものは「奉天」。かりんとうの破片を砂糖菓子で包んだもの。そして「うず巻」。二種の生地を使った江戸時代の駄菓子だ。これらをかりんとうだと意識したことはなかったが、どちらも幼少期によく食べた典型的「おばあちゃんお菓子」だった。

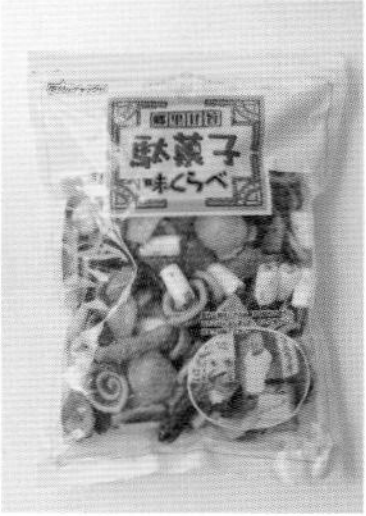

かりんとうは江戸かりんとう、播州かりんとうに分けられる。江戸風は強力粉を軽くこね、食感も軽い。一方、播州風は薄力粉をしっかりこね、ギッシリと中身の詰まった保存食的なお菓子。生地のうま味が特徴だ。この「駄菓子味くらべ」は、伝統的な各種播州かりんとうを一度に楽しめる

●駄菓子味くらべ(播州かりんとう詰め合わせ)

発売年：1920年代　価格：オープン価格

問合せ：常盤堂製菓株式会社／079-232-0682

抹茶グリーンティー

ほどよく苦く、ほんのり甘い、冷たい抹茶ドリンク。この種の飲みものは、お茶どころ静岡では昔から「うす茶糖」の呼び名で親しまれ、東京とは比べものにならないほどポピュラーらしい。町のあちこちにあるお茶屋さんの店先には、これを提供するためのサーバーが置かれているそうだ。このサーバー、東京人の筆者にも見覚えがある。七〇年代、渋谷駅に直結した東急東横デパートの三階だかに、ちょっと場違いな感じでお茶屋さんがあった。店先に機械が設置され、水槽のようなもののなかで「グリーンティー」がシャバシャバと攪拌《かくはん》されていた。暑い夏の日など、買い物途中のおばあさんなどが「ひと休み」といった感じで、おいしそうに飲んでいたのを覚えている。

夏の定番飲料、麦茶や「カルピス」に飽きると、我が家にもよく「グリーンティー」が登場した。子ども時代は牛乳に溶かした「抹茶オレ」が好きだったが、大人になった今は、やはり水にサッと溶かして氷を浮かべ、サッパリといただきたい。あの鮮やかなグリーンは、まさに「一服の清涼剤」という言葉そのもののように爽やかだ。

●抹茶グリーンティー

発売年：1930年　価格：500円
問合せ：玉露園食品工業株式会社／
03-3260-6464

発売当初は「宇治グリーンティー」という商品名だった。新鮮な抹茶にグラニュー糖を配合、というスタイルは発売当初から変わっていない。あの透明感のある緑色は、もちろん自然の茶葉の色。夏の飲みものという印象だが、冬のホットもイケるらしい。右は砂糖不使用タイプ（500円）

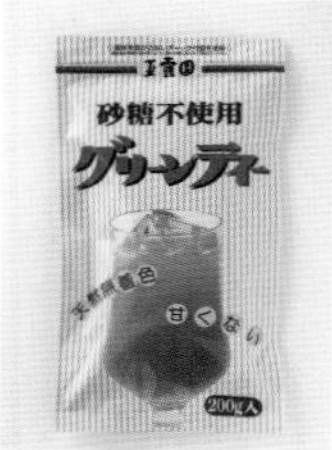

森永マンナ

ビスケット、ウェファー、ボーロの三種で展開される森永の「マンナ」シリーズ。第一号商品はビスケットで、発売は昭和恐慌の嵐が吹き荒れた時代だった。大不況下にあって、多くの菓子メーカーが「品質を下げて価格も下げる」という戦略で生き残りをはかるなか、森永は新たな市場を開拓できる新商品の開発と、積極的な広告作戦で苦境を乗りきろうとした。そこで企画されたのが、赤ちゃん専用ビスケット「マンナ」だ。命名はクリスチャンである社長のアイデアによるもの。「神が荒野をさまよえる民に与え給うた愛の食べ物」として旧約聖書に登場する「マナ」からとられ、「こんな時代だからこそ、子どもたちに栄養価の高いものを」という願いを込めた。

筆者にとって「マンナ」といえばウェファー。茶褐色でザラザラした普通のウエハースより、白くてソフトな「マンナ」のほうが断然おいしい。特にアイスに添えてピッタリくるのはこのタイプで、古風な喫茶店のアイス（銀の容器に盛られ、てっぺんにチェリーがのっている）についてくるウエハースはたいてい「マンナ」っぽい。

ビスケットはキュートな顔型、ウェファーは小さな手にも持ちやすいバー状、ボーロは指先運動に適した形。栄養・品質面以外にも、小さな子ども向けにさまざまな工夫が凝らされているのだ。かつては3種ともに赤ちゃんの顔写真がプリントされた紙箱入りだったが、現在は大幅にリニューアルされている

●森永マンナ

発売年：1930年

価格：ビスケット150円、ウェファー170円、ボーロ200円

問合せ：森永製菓株式会社／0120-560-162

ウイスキーボンボン（チョコレート）

かつては洋酒のボトルをミニチュア化したデザインの「ウイスキーボンボン」をよく見かけた。スーパーなどでも売られていたし、ちょっと高級な箱詰めのセットをお遣いものでもらうことも多かった。本物のウイスキーボトル同様、渋いデザインのものが多く、「お父さん向けチョコ」という印象。「お子様はご遠慮ください」みたいな注意書きも書いてあったが、もちろん遠慮などしない。ビンの首をかじりとり、チューッと中身を吸う。のどがカーッと熱くなってゲホゲホせき込んだりしたものだ。

紹介するのはスイーツメーカーの老舗、モロゾフの商品。同社によれば「ウイスキーボンボン」はとにかく手間がかかり、大量生産が困難。製造するメーカーも少なくなっているらしい。製法には、「結晶化した砂糖の殻にウイスキーを閉じ込める方法」「チョコのシェルにウイスキーを流し込む方法」「洋酒に漬け込んだチェリーなどを砂糖でくるみ、チョコレートをかける方法」などがある。これまでに同社はそれぞれの方法でつくってきたが、現在は結晶化した砂糖の殻を使う方法で生産している。

●ウイスキーボンボン

発売年：1931年（下記パッケージの発売年は異なる）
価格：350円
問い合わせ：モロゾフ株式会社／078-822-5533

優美で高級感あふれるモロゾフ製「ウイスキーボンボン」の現行パッケージ。ちょっとしたプレゼントにはピッタリだ。秋冬限定で販売される。香り高い本格的なチョコを使用しているのはもちろんだが、中身のウイスキーも本格的。本当に「お子様はご遠慮ください」という大人の味わいである

りんごジャムサンド

知る人ぞ知る、裏「東京名物」のようなお菓子である。といっても、つい先日まで筆者は知らなかった、と思う。小さなビスケットでリンゴジャムをサンドしたもので、子ども時代にこの種のお菓子をよく口にしてはいたが、それが零一食品の「ジャムサンド」かどうかは定かでない。本書のカメラマンは幼少時に食べていたそうで、かつては「量り売り」のスタイルだったそうだ。ほかの東京生まれの知人に聞いてみたところ、やはり子どものころから食べていたお菓子で、彼にとっても「ジャムサンド」といえば「量り売り」のイメージらしい。現在は袋入りの商品が上野の「二木の菓子」などで手軽に購入できるが、今も「量り売り」で販売するお店も残っている。

戦前に大ヒットし、多数のメーカーが類似品を製造した。が、やはり「零一食品じゃなきゃダメ」というファンが多く、かのユーミンもそのひとり。ラジオ番組で公言し、さらにドッとファンが増えたという。試食してみたところ、この素朴な味わいはたぶん初体験。筆者が食べていたのは、無数に登場したニセモノのほうらしい。

直径3センチほどのビスケットで濃厚なりんごジャムをサンド。香料、着色料、保存料不使用で、ジャムに使うリンゴはすべて青森産。銅のナベ(銅じゃないとこの味は出ないらしい)でリンゴを長時間煮込む昔ながらの製法でつくるため、ご主人は毎朝4時に仕込みに入るのだそうだ

●りんごジャムサンド

発売年：1930年代　価格：オープン価格

問合せ：株式会社零一食品／03-3890-0101

フローレット

別名「五色バナナ」。バナナ風味の香料が印象的なパステルカラーの砂糖菓子だ。バナナが高級品だった時代の「バナナ憧れ」を色濃く反映した商品である。僕らの子ども時代からすでに古典的なお菓子としておなじみだったが、これを日本に普及させたのは森永製菓創業者の森永太一郎氏なのだそうだ。海外でお菓子の製法を学んだ氏はキャラメルやマシュマロなどを日本に普及させたが、「フローレット」もそうしたお菓子のひとつのようだ。明治時代に森永製菓の商品として発売されたらしい。

ここで紹介する竹下製菓の「フローレット」は、森永氏と親交のあった同社が森永製菓のレシピを参考に、明治の時代から製造していたようだ。現行品のような商品形態になったのは一九四九年とのことだが、限りなくオリジンに近い正統派なのである。

かつては複数のメーカーが手がけていた「フローレット」だが、現在製造をつづけているのはこの竹下製菓ただ一社。採算を考えるとかなり厳しい状況とのことだが、「長い歴史を途切れさせるわけにはいかない」の一念で販売をつづけているそうだ。

●フローレット

発売年：1949年　価格：150円
問合せ：竹下製菓株式会社／0952-73-4311

竹下製菓の看板商品といえば、もちろん「ブラックモンブラン」。60年代から親しまれる傑作アイスだ。そのためにアイスのメーカーの印象が強いが、この「フローレット」や「マシュマロ」、「ひと口ようかん」など、僕ら世代に懐かしい菓子類も多く手がけている

抹茶飴

大丸本舗が手がける古典的な「仕込み飴」。「仕込み飴」といえば代名詞ともいえるほど有名なのは「どこを切っても金太郎」の「金太郎飴」だが、昔からもっとも身近だったのは、かつてはさまざまなメーカーがつくっていた「抹茶飴」かもしれない。「仕込み飴」の技術で「茶」の字を断面に浮きあがらせ、「どこを切っても『茶』」の状態になっているアメだ。我が家ではよく祖母が菓子鉢に常備していた。どこかのお寺の参道の店で買っていたようだが、「アメに字が書いてある！」というユニークさと、あのちょっと子どもには渋すぎる独特の抹茶の味が記憶に残っている。

　僕がよく食べていた「抹茶飴」はデキに大きな個体差があって、なかには「茶」の文字が変なふうにひしゃげてしまい、ほとんど判読できないようなものもあった。そういう失敗作を見つけるのがおもしろかったのだが、この大丸本舗の「抹茶飴」は、さすがに「仕込み飴」をお家芸にしてるメーカーの商品だけあって、どの「茶」もキリッと整い、クリアに浮かびあがっている。苦み走った抹茶の味わいも本格的だ。

大丸本舗の製品はどれもそうだが、とにかく原料がシンプル。着色料などはいっさい使用せず、完全に昔ながらの製法でつくっている。この商品の原料も、砂糖と水飴、抹茶、そして文字の白さを出すための大豆由来の乳化剤のみだ。抹茶味は昨今の日本文化・和食ブームによって世界的にも認知されるようになっているそうだ。
http://www.daimaruhonpo.co.jp

●抹茶飴

発売年：1940年代　価格：オープン価格
問合せ：有限会社大丸本舗／0568-32-0613

ちゃいなマーブル

春日井製菓は昔ながらの製法でつくる昔ながらの商品を、「春日井なつ菓子」とカテゴライズして販売している。これが非常に秀逸。ことさらレトロ感を強調せず、周囲の現役商品にすんなりと溶けこむキュートなパッケージでスーパーの棚などに並んでいる。さらに我々世代にうれしいのは、この「春日井なつ菓子」シリーズのパッケージとは別に、昔から見慣れている旧パッケージの商品もそのまま流通していることだ。

この「ちゃいなマーブル」も「なつかしお菓子」のひとつ。「春日井なつ菓子」パッケージのバージョンも販売されているが、発売当時のイメージを踏襲した袋も現行品としてしっかり健在。ところで、筆者は長らく「ちゃいなマーブル」＝「変わり玉」（なめているうちに色が変わる）だと思っていたのだが、陶器（チャイナ）のように硬く、大理石（マーブル）のようにつややかな球体のハードキャンディーを一様に「ちゃいなマーブル」と呼ぶそうだ。また、一里（約四キロ）の距離を歩く間も溶けずに口のなかにある、ということから「一里玉」とも呼ばれる。

●ちゃいなマーブル

発売年：1950年　価格：オープン価格
問合せ：春日井製菓株式会社／052-531-3700

砂糖の結晶を核に、回転釜で加熱しながら糖蜜をかけて大きくしていく。職人さんはアメが釜のなかで転がるカラカラという音だけを頼りに、微妙な調整をしていくそうだ。さまざまな色の蜜を何層にもかけたものが「変わり玉」で、構造は同じ。噛《か》みくだけないほど硬いのが特徴

ゼリービンズ

「昭和的」な懐かしさというより、ポニーテールとパラシュートスカートの古き良きアメリカを彷彿《ほうふつ》させるポップなお菓子だが、幼少期、筆者はいっさい口にしなかった。母親が「ゼリービンズ恐怖症」だったのである。戦争直後、母方の祖母が通訳の仕事をしていたため、少女時代の母はコカ・コーラやらケーキやら、当時は珍しかったアメリカンな飲食物に触れる機会に恵まれていた。なかでも、ひと口食べてそのおいしさにビックリしたのが「ゼリービンズ」。で、常軌を逸するほどの量を食べてしまって、ひどい吐き気に苦しんだ。それ以来、匂いを嗅ぐだけで気持ちが悪くなるという。なので、我が家では「ゼリービンズ」は「持ち込み禁止」だった。

　小学校にあがって、クラスの女の子の家で開催されたクリスマス会で初めて口にしたが、なるほど、花のような、香水のような香りがフワッと広がって、確かに幼い女の子が夢中になりそうなお菓子だ、と納得。まして焼け野原の東京で味わう「ゼリービンズ」は、夢見がちな少女にとってはまさに夢のお菓子だったのだと思う。

●ゼリービンズ
発売年：1950年　価格：オープン価格
問合せ：春日井製菓株式会社／052-531-3700

春日井は熟練の職人技を必要とするお菓子を、今も昔ながらの製法でつくっている。この「ゼリービンズ」も職人技に支えられた商品。豆の形をした寒天ベースのゼリーに糖衣を施す作業は完全な手作業。経験と勘を備えた職人さんでなければ、この美しい発色とツヤは出せない

パインアメ

棒つきキャンディーに粉をつけて味わう「シャーベットペロ」。『まだある。駄菓子編』で紹介したこの商品を製造しているのが、パイン株式会社である。社名からもわかるとおり、同社の看板商品は「パインアメ」。半世紀以上にわたって愛されつづけてきたロングセラーキャンディーの代表的存在だ。リアルでジューシーなパイナップルの味もさることながら、印象的なのは輪切りのパイナップルを模した中心の穴。

しかし、製品化第一号に穴はなかったのだそうだ。代わりにパイナップルの模様が型押しされており、商品名も「パイナップル飴」。生のパイナップルはもちろん、パインの缶詰も高級食材だった時代、手軽にパイナップルの味を楽しんでもらおうと企画された商品だった。当時は瓶詰めで出荷し、お店では一粒一円でバラ売りされていたらしい。その後、とても凝り性だった先代社長が「穴がなければパイナップルではない！」と提言。急遽《きゅうきょ》、「穴あき版」の製作が決定された。専用の機械がなかった時代のことで、なんと割り箸でアメの中心を突っついて穴をつくっていたのだとか。

●パインアメ

発売年：1951年　価格：150円
問合せ：パイン株式会社／06-6771-8103

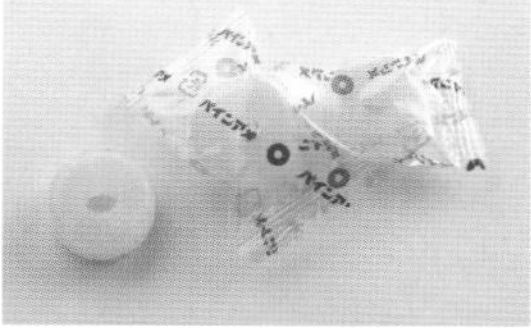

「パインアメ」にはもちろんパイン果汁が入っている。ジューシーな風味を出すために世界各国のパイナップルを吟味し、もっともアメに適したパイン果汁をチョイスしているのだそうだ

ニッキ飴

愛知県春日井市にある大丸本舗は大正一三年創業。九六年にわたって手づくりのアメをつくりつづける老舗の「飴屋」だ。同社の看板商品が、この「ニッキ飴」。昨今は「ニッキ飴」を見かけること自体も少なくなったが、かろうじて市販されているもののほとんどは大量生産品。ニッキの皮からとったエキスを使用し、短時間で煮あげたものだ。が、大丸製はニッキのエキスを熟成させて使用する。こうすることで、より濃厚なニッキの味と香りが引き出される。アメを煮るのも手作業で、直火でじっくり加熱していく。この過程で砂糖にコゲ色がつき、あの「ニッキ飴」独特の琥珀《こはく》色になるわけだ。大量生産品の多くはスピード生産のため、コゲ色が出るまでは加熱しない。そのため、着色料で色を出しているのだそうだ。

ひさしぶりにニッキのピリピリ感を味わい、さまざまなニッキ系お菓子を思い出す。我々の幼少期、すでにニッキのお菓子は少なくなっていたが、それでもニッキのガムやニッキ紙などには親しんだ。「浅田飴」のニッキ味も懐かしいなぁ……。

左は同時期に発売された「ハッカ飴」。ハッカ本来の爽快感が味わえる昔ながらのアメだ。今では珍しい「夜星切り」という形。基本の白にピンク、グリーンがまじっているスタイルも懐かしい。
http://www.daimaruhonpo.co.jp

●ニッキ飴

発売年：1953年　価格：オープン価格
問合せ：有限会社大丸本舗／0568-32-0613

梶谷のシガーフライ

ビスケットというと現在では「バターとミルクとタマゴをたっぷり使いました」みたいなものが主流だが、筆者が子どものころはカンパンに似たカリカリとした食感のものが幅を利かせていた。かつては多くのメーカーが製造していた「英字ビスケット」や「動物ビスケット」などのタイプだ。紅茶といっしょに優雅に召しあがるリッチな感じのビスケットより、スナック感覚でカリカリと食べられるこの種のビスケットのほうが個人的には好きだった。なかでも幼少期のお気に入りが「シガーフライ」。

我が家の押し入れには巨大な「非常袋」なるものがあって、このなかにミネラルウォーター、缶入りカンパン、氷砂糖などとともに「シガーフライ」の大袋が入っていた。なにしろ「非常」の際の食料なので盗み食いは厳禁だが、賞味期限が近づくと母親が「食べちゃって」と解禁する。で、その日のおやつは「シガーフライ」と牛乳。香ばしさとほんのりした甘さが特徴だが、平時は封印されている「非常袋」のなかのお菓子という「特別感」が、より味わいを深いものにしていたと思う。

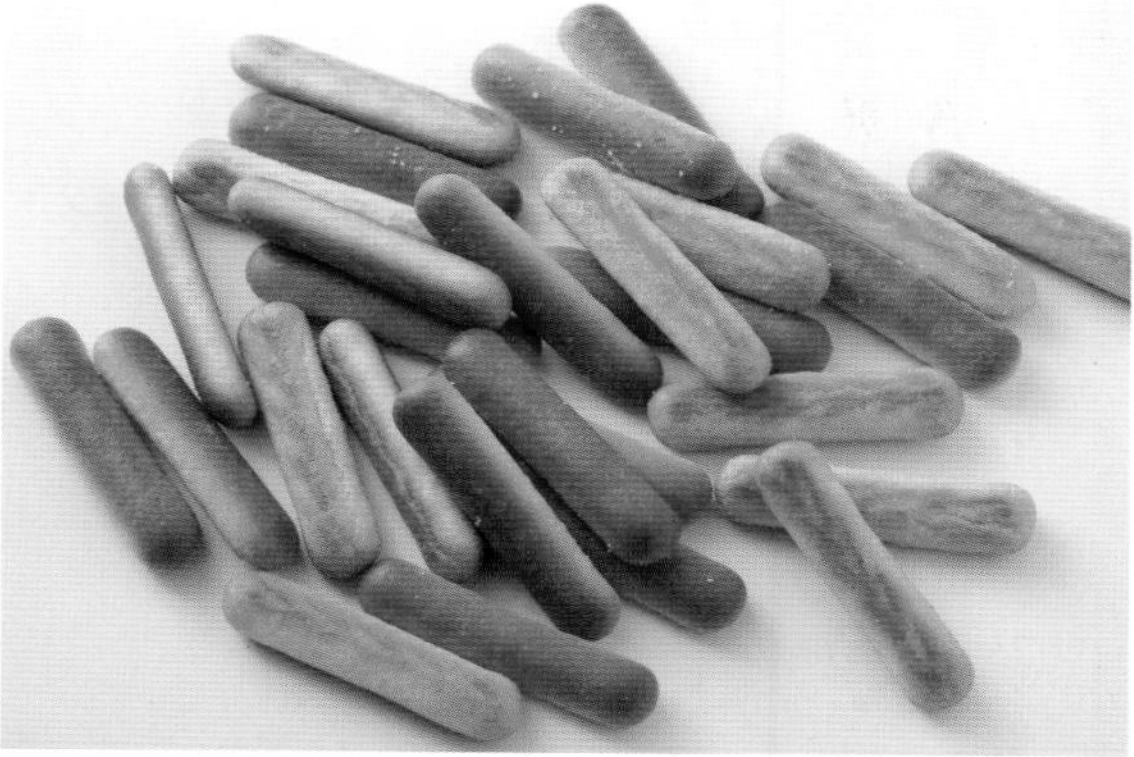

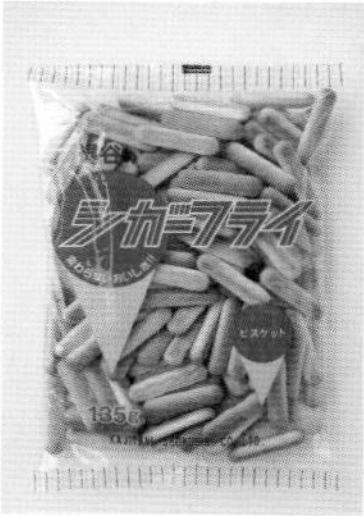

発売当初にヒットしていた「シガレットチョコレート」をヒントに形状と商品名が決定された。実際には油で揚げているわけではないのだが、軽い食感を表現するために「フライ」と名づけられた。現在もファンが多く、同社を代表する人気商品だ

●梶谷のシガーフライ

発売年：1953年ごろ　価格：オープン価格
問合せ：梶谷食品株式会社／086-462-3500

ホモソーセージ

筆者の幼少期にも「仮面ライダーV3カレー」などのキャラクター便乗食品が氾濫していた。で、こういうのはたいていマズイ。コストのほとんどが版権料にまわっているのかもしれない。当然、親はねだっても買ってくれないのだが、唯一の例外が魚肉ソーセージ。「体にいいから」ということで、母親も黙認していたのだと思う。キャラ系ソーセージは、たいてい派手なイラストの箱にミニソーセージが五、六本入っているというスタイルで、採用されるキャラは単独ヒーローモノよりも、なぜか『ガッチャマン』とか『ゴレンジャー』などの戦隊モノが多かった記憶がある。

その後も各社の魚肉ソーセージをときおりおやつにしてきたが、もっぱらヒイキにしたのが「チーかま」の丸善の「ホモソーセージ」。他社製品と比べ、ちゃんと「あぁ、魚のお肉だな」と実感できるのである。同社によれば、「質の高さは釣りエサにすればわかる」とのこと。「ホモソーセージ」は「とにかくよく釣れる」らしい。添加物を嫌う魚たちも「ああ、これはちゃんと魚のお肉だな」と実感できるのだろう。

発売当初に大ヒットを記録し、全国で遠足おやつの定番にもなった。気になる「ホモ」は「homogenized」の略で、「均質化された」の意味。魚のすり身を全体が均質になるまでていねいに混ぜ合わせる製法に由来している。ちなみに、往年の森永「ホモ牛乳」も同じ意図でつけられた商品名

●ホモソーセージ

発売年：1954年　価格：1本105円
問合せ：株式会社丸善／03-3834-1205

ミックス（仕込み飴）

　切っても切っても同じ模様が出てくるアメを業界では「仕込み飴」「組み飴」などと呼ぶそうだ。代表的なのは「どこを切っても金太郎」のアメ。幼少期には祖母がときおり長いままのものを買ってきて、母親が包丁の背をトントンとたたいて切ってくれた。切る場所によって顔が微妙に変わり、笑ったり、怒ったりしているように見えるのがおもしろかった。さらに強く印象に残っているのは、その後に出まわったカラフルで透きとおったタイプのファンシーな「仕込み飴」。花の模様などをあしらったもので、特に懐かしいのが輪切りのミカンやレモンを模したもの。食べる前は必ず日にかざして、精巧なガラス細工のようなキラキラ感を楽しんだ。

　製造元の大丸本舗によれば、この種のアメはすでに一九五〇年代からつくられていたのだそうだ。同社は「仕込み飴」づくりにおいて高度な技術を誇っており、現在ではノベルティ商品や関連施設のおみやげものとして、企業のロゴが入ったものや『ゲゲゲの鬼太郎』などの各種キャラクターを図案化したアメなども手がけている。

左の写真は、こちらも懐かしい「あめ風船」（オープン価格）。紙風船を模したカラフルなアメで、味は6種類。球断機というもので棒状のアメを球体に仕上げていく。
http://www.daimaruhonpo.co.jp

●ミックス（仕込み飴）

発売年：1950年代前半　価格：オープン価格
問合せ：有限会社大丸本舗／0568-32-0613

茶玉

黒糖、砂糖、水飴を練り合わせ、伸ばしながら気泡を加えていくことにより、この独特の色合いが生まれる。着色料などはいっさい使用せず、模様になっている薄茶色の部分も気泡の量を調節してつくるのだそうだ（気泡を多く入れると白っぽくなる）。

いかにも「おばあちゃん的」なアメの代表で、実際、筆者の祖母の「お菓子保存缶」のなかにも、「こんぺいとう」や「ざらめせんべい」などとともに常時ストックされていた。現在、多くのスーパーには「懐かしのお菓子コーナー」が設けられ、「茶玉」のような伝統的「おばあちゃんお菓子」も簡単に手に入る。が、かつてはそうではなかったと思う。スーパーも商店街のお菓子屋さんも一応は新商品中心の品ぞろえだったし、駄菓子屋さんでもこの種の古典的商品は売られていなかった。当時の「おばあちゃん」が「おばあちゃん的」なお菓子を常備していたのは、今になって考えるとちょっと不思議だ。ちょくちょく友人と「おでかけ」していたが、巣鴨などの「おばあちゃん的」繁華街のような場所に行った際に調達していたのだろうか？

左は「落花飴」(1970年ごろ。オープン価格)。落花生入りのべっこう飴だ。アメのコゲから生まれるきれいな琥《こ》珀《はく》色と、落花生の香ばしさが特徴。
http://www.daimaruhonpo.co.jp

●茶玉

発売年：1955年ごろ　価格：オープン価格
問合せ：有限会社大丸本舗／0568-32-0613

生姜つまみ

「まがりせんべい」を砂糖とショウガ汁にからめたもの。「この形には見覚えがあるゾ」という直感だけで購入したが、いくら思い出してみても、いつごろどこで食べたのか、どんな味だったのか、といった具体的なデータが浮かんでこない。「懐かしいと思ったのは気のせいか……」となかば落胆しつつ開封し、ひと口かじったとたん、一気にアレコレを思い出した。この甘くてちょっとスーッとする独特のショウガ風味は、確かに幼少期、あちこちで味わっている。今はほとんど見かけないが、七〇年代当時、この「甘いショウガ味」はお菓子のフレーバーとしてかなり一般的だった。

印象的なのは、旅館のお茶菓子。当時、いろんな場所のいろんな旅館で、なぜかこの種の「ショウガせんべい」が「待ち受けお茶菓子」として多用されていた記憶がある。「まがりせんべい」ではなく、一枚一枚小袋に入った平坦なものが多かった。子どもの味覚にはちょっと違和感のある不思議な風味は、「遠くに来たんだな」という、うれしいような、心細いような子どもっぽい「旅情」と結びついている。

商品名のとおり、その昔は職人さんが指で生地をつまんで形をつくっていたそうだ。機械化されたのは70年代とのことなので、やはり我々世代の幼少期に流通量がドッと増えたのかもしれない。起源ははっきりしないが、メーカーによれば戦前にはなかったようで、発祥は関西方面らしい

●生姜つまみ

発売年：1950年代なかば　価格：オープン価格

問合せ：株式会社船岡製菓／0257-22-2246

雪たん飴

筆者にとっては文字どおり「おばあちゃんのアメ」。祖母は孫たちが来たときのために各種お茶菓子を大きな缶や茶だんすに入れて保管していたが、この「雪たん飴」はラインナップの常連だった。どちらかといえば子ども時代はあまりピンとこない類いの商品だったが、昔ながらの「たんきり飴」のちょっと粉っぽい食感、そして、内部のカチカチのあんこがジワッと溶け出すときの素朴な甘さは今も記憶に残っている。

製造元は北海道小樽にある老舗、飴屋六兵衛本舗。「たんきり飴」であんこを巻くという独自のアイデアは先々代社長によるもの。当時、小樽は石炭の積み出し港だった。港に積まれた真っ黒な石炭に真っ白な雪が降り積もる……そんな印象的な光景をアメに見立ててみよう、というのがアイデアの発端となった。まるで俳句のように生まれた詩的なアメなのである。当初は「石炭飴」という名称も候補にあがったが、食べるものに「石炭」の名を冠すのはちょっと……ということになり、より北海道らしい、そしてちょっとメルヘンチックな響きを持つ造語「雪たん」が採用された。

●雪たん飴

発売年：1950年代なかば　価格：オープン価格
問合せ：飴屋六兵衛本舗　飴谷製菓株式会社／0134-22-8690

職人さんがチョキチョキとハサミでアメを切っていく昔ながらの製法。「大量生産ができないので道外での普及率は低い」と社長さんは語るが、東京でもかなりポピュラーだったと思う。子ども時代より、大人になった今のほうがよりおいしく感じられるシミジミとした味わいだ

こんぺいとう

「こんぺいとう」を食べたことがないという人はいないだろうが、「大好物でした」「常備してました」という人も少ないだろう。昔も今も「ありきたり」なほど身近だが、意識的に食べたという記憶が非常に希薄なお菓子なのである。にもかかわらず、我々世代は幼少期にかなりの量の「こんぺいとう」を口にしてきたはずなのだ。

祖父母が備蓄するお菓子としては定番だし、ちょっと高級な箱詰めの「こんぺいとう」をお遣いものとしてもらう機会も多かった。また、七〇年代当時はプラスチック製のオモチャっぽい容器に入ったお菓子を買うと、その中身は必ず「こんぺいとう」だった。透明のチューブのなかに色とりどりの「こんぺいとう」がズラリと並んだステッキ型お菓子などは今も売られるが、汽車やレーシングカー型の容器に入ったもの、アニメや特撮キャラの人形型容器入りなども、ケース欲しさによく買ってもらったものだ。で、否応《いやおう》なく大量の「こんぺいとう」をボリボリ食べつづけることになる。「なぜかいつも身のまわりに存在した」、これが「こんぺいとう」の特性だと思う。

●こんぺいとう

発売年：1957年　価格：オープン価格

問合せ：春日井製菓株式会社／052-531-3700

製造には非常に手間がかかり、今も熟練の職人さんの「技と勘」が頼り。上質な「こんぺいとう」は、この商品のように噛んだときにカリカリッと金属音のような高い音がするそうだ。最大の特徴である突起は、糖蜜のねばりによって自然にできるもの。が、驚くべきことに、この突起ができる原理はいまだ解明されていない

ヒロタのシュークリーム

「今日は家にお客さんが来る」という場合、子ども時代の筆者の関心事は二点に絞られた。「お小遣いをくれるタイプの人か？」ということと、それが望めないなら「気の利いた手みやげを持ってきてくれる人か？」ということだ。ようかんとかあられを詰め合わせた缶などは「不合格」で、「メリーチョコレート」のセットやユーハイムの「バウムクーヘン」なら「合格」、風月堂「ゴーフル」、そして「ヒロタのシュークリーム」だと「この人はいい人だなぁ！」となる（あくまで個人の意見です）。近所のケーキ屋にもシュークリームはあったが、ヒロタ製は子どもにもわかるほど「皮」がおいしかった。ちょっと硬めで、焼きたてのパンのような香ばしさがあるのだ。

廣田定一氏が「洋菓子のヒロタ」を創業したのは一九二四年。「会社員の月給が三〇円。ケーキひとつが一〇円」という時代から、同社はあくまで庶民にも身近なカジュアルスイーツを提供してきた。今も「ヒロタのシュークリーム」は少々小ぶり。これは「少し小さくして手ごろな価格に」という発売当初の発想によるものだ。

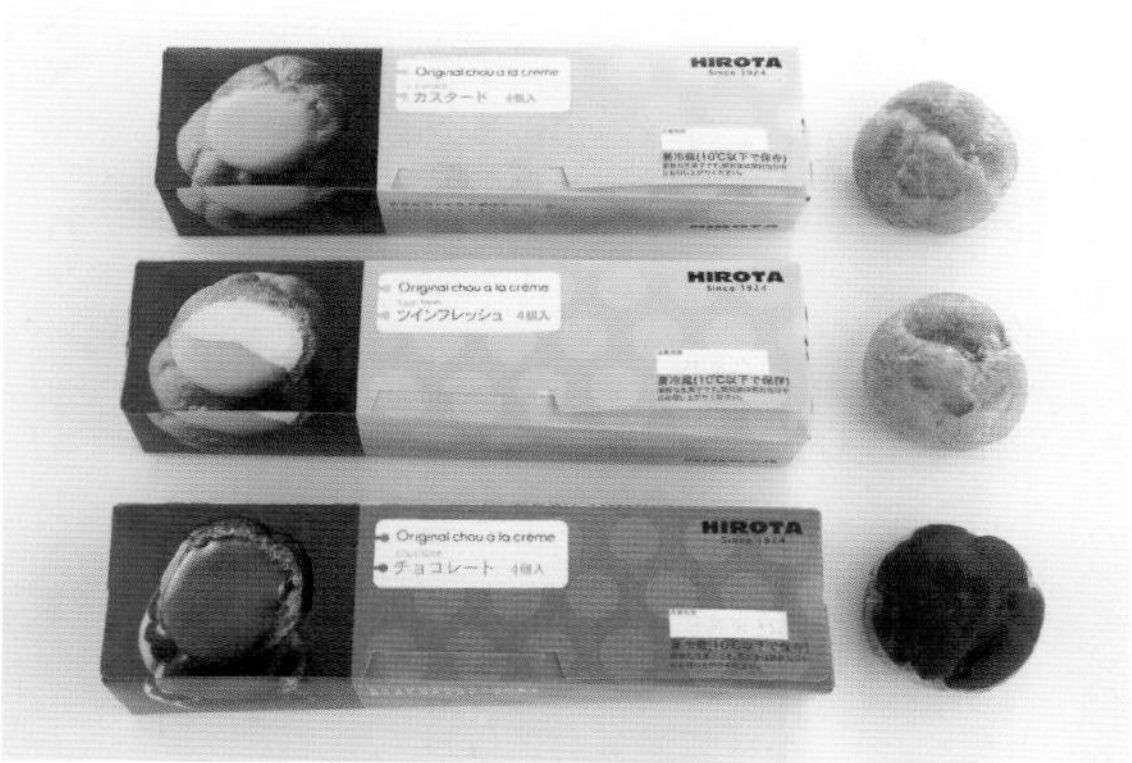

「カスタード」「チョコレート」「ツインフレッシュ」(カスタードとフレッシュクリームの2層)の定番3種のほか、2カ月ごとに発売される期間限定フレーバー2種の計5種で販売される

●ヒロタのシュークリーム

発売年：1957年　価格：4個入り320円
問合せ：株式会社洋菓子のヒロタ／0120-47-1201

森永ホットケーキミックス

小学生時代にさんざんお世話になったので、「粉をなめたときの味」までしっかり覚えている。昔から箱の側面に「応用レシピ」が記載されていたが、母親はそれを見ながらドーナツやアメリカンドッグもつくってくれた。ちゃんと本物のアメリカンドッグが完成したときは、「あの独特のコロモはホットケーキの粉だったのか！」と大発見をした気分になったものだ。ただ、箱の写真のような「理想のホットケーキ」、つまり「三枚重ね」で中心に四角いバターがキッチリとのっているホットケーキは、最後までつくってもらえなかった。「この写真のとおりにして」と言っても、家のフライパンでは大きすぎて三枚重ねると膨大な量になってしまうし、バターは中心にのせようとしてもすぐに滑り落ちてしまうから「無理なのよ」と言われ、泣く泣く「一枚もの」の大判ホットケーキにバターとシロップを塗りたくって食べていた。

発売時の商品名は「森永ホットケーキの素」。当初は「チューブ入りメイプルシロップ」つきだった。初代の箱の写真を見ると、なんと贅沢《ぜいたく》な「五枚重ね」！

「森永ホットケーキミックス」となったのは1959年から。以来、半世紀にわたって市場占有率トップをキープ。発売当初は「５枚重ね」の写真が掲載されていたが、現行品はふっくら分厚い「３枚重ね」。現在、昔ながらの紙箱入りで発売されるのは300gタイプのみ。写真の袋入りが主力商品となっている

●森永ホットケーキミックス

発売年：1957年　価格：600g 410円

問合せ：森永製菓株式会社／0120-560-162

プラッシーオレンジ

その昔、「お米屋さんで売っています」を強調するおなじみの商品というのがあって、代表的なのが榮太樓の「みつ豆缶」。ＣＭでは「♪は〜い、榮太樓ですぅ」の歌の最後に「お米屋さんからもお届けします！」というナレーションが流れた。ドッグフードの「ビタワン」もかつては「お米屋さん」系商品だったし、さらにこの「プラッシー」の場合、「お米屋さんで売っています」ではなく「お米屋さんでしか買えません」だったと思う。自販機にも入っていたが、その自販機はたいていお米屋さん所有のものだった記憶がある。当時の商店街のお米屋さんは、町内の全家庭が必ず定期的に利用する重要な拠点だったのだ。こういう図式も今では崩れ去ってしまった。

「ミカンの果肉・ビタミンC入り」が特徴の初代「プラッシー」は、一九五八年に武田食品工業（現・ハウスウェルネスフーズ）から発売。摂取しにくい栄養素とされていたビタミンCを手軽にとれる飲料として開発された。商品名は「ビタミンCを配合しています」ということから、「プラスC」→「プラッシー」とされたのだそうだ。

かつては王冠つきのシンプルなリターナルビンだったが、1998年に現在のスタイルにリニューアル。商品名にも「オレンジ」という言葉が追加され、昔よりすっきりした味わいに生まれ変わったが、特徴的な英語ロゴはビン時代のものと同じだ。オレンジ果汁30%にビタミンCを配合

●プラッシーオレンジ

発売年：1958年　価格：120円前後
問合せ：ハウスウェルネスフーズ株式会社／0120-80-9924

スイスロール

ロールケーキの代名詞的存在、というより、日本全国にロールケーキなるものを知らしめた商品である。もっとも熱く語るのは、おそらく筆者世代よりひとまわり上の人々だろう。ケーキがなんらかの「特別な日」のためのお菓子だった時代に発売され、そのボリュームと手ごろな価格でまたたく間に一般家庭のおやつとして普及した。兄弟の多い家庭であれば、カット時に必ず深刻な「領土問題」が発生していたと思うが、筆者のようなひとりっ子の家庭には少々大きすぎた。持てあますことを恐れた母親はほとんど購入しなかったが、クラスメイトの「お誕生日会」には必ず登場する定番のお菓子だった。なので、筆者の記憶のなかの「スイスロール」は、「フィンガーチョコレート」などとともに紙皿に盛りつけられているイメージなのである。

もともとは本当にスイスでつくられたお菓子で、イギリスではティータイムケーキとして古くから親しまれていたそうだ。大ヒットを受けて、ヤマザキでは発売から六年後に量産ラインを確立、今では国民的ロールケーキの地位を不動のものにしている。

●スイスロール

発売年：1958年ごろ　参考価格：189円
問合せ：山崎製パン株式会社／0120-811-114

定番のバニラのほか、コーヒーもラインナップされている。一時期、各種ロールケーキがちまたでブームになったが、やはりこの食べ慣れたシンプルな味わいこそが最高峰だと思う

ウイスキーボンボン（キャンディー）

「ウイスキーボンボン」と聞いて、通常、人はどちらのタイプを思い浮かべるのだろう？　筆者の場合、先に思い浮かぶのがウイスキーボトル型のチョコタイプで、子ども時代の記憶にはどうしてもこちらのほうが印象に残る。が、本書の執筆中、「あ、そういえばキャンディータイプもあったな」と思い出して慌ててリサーチしてみた。

七〇年代当時、このキャンディータイプもチョコタイプに負けず劣らずポピュラーで、贈答品とされることが多かったチョコよりもむしろ身近だったかもしれない。普通のキャンディーよりも繊細でもろい砂糖のカプセルが、なめているうちに口のなかでパリーンと割れる感じはこのお菓子ならではのものだ。ところで、どうやってアメのなかにウイスキーを密封するのか、考えたことがあるだろうか？　ひとつひとつのアメに穴をあけてウイスキーを注入し、再びフタをする、なんて非効率的なことはしていないのである。砂糖と水を煮詰めた過飽和液にウイスキーを混ぜ、型に流す。数時間ほど経過すると外側の砂糖が結晶化し、自然にあの構造が完成するのだそうだ。

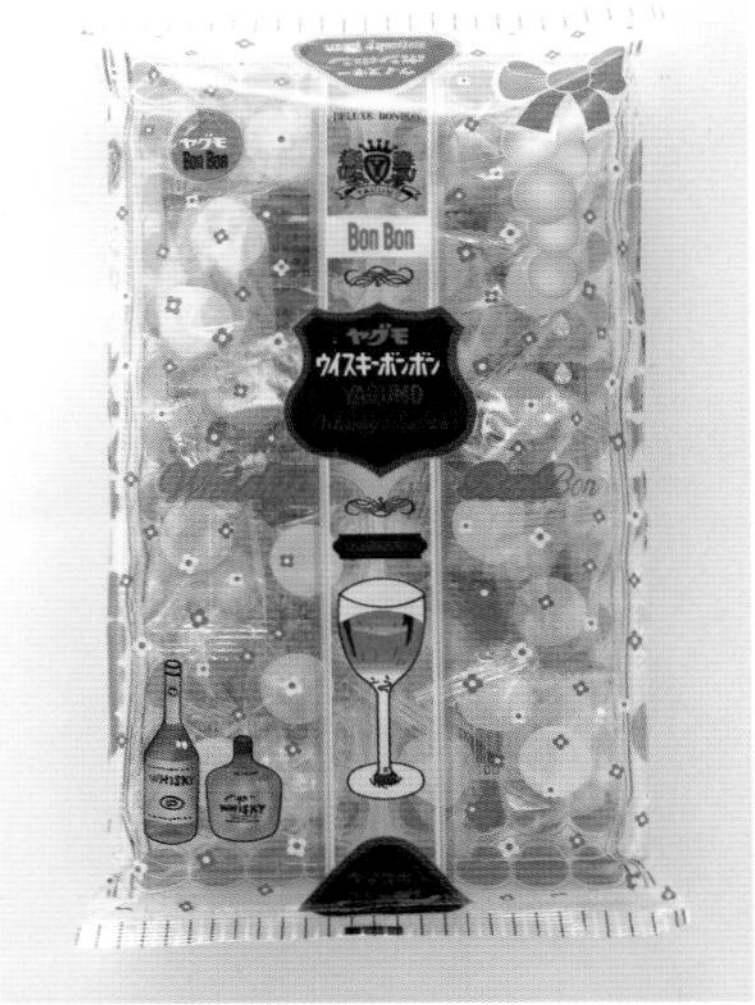

●ウイスキーボンボン

発売年：1950年代　価格：オープン価格
問合せ：株式会社丸井スズキ／03-5831-6621

独特の形状や淡い色合い、スリガラスみたいな質感がなんとも懐かしい。ピリッとからいような熱いようなウイスキーシロップの味わいも昔のままだ。
http://shop.s-maruishop.com

三角ハッカ

「なめる」のか「食べる」のかが、いまひとつはっきりしないお菓子だった。アメのつもりで口に入れるとすぐにホロッとくずれてしまう。直後に広がるハッカの強烈なスースー感。周囲がサッと涼しくなるような感覚こそが、このお菓子ならではの醍醐《だいご》味《み》だ。「ハッカ」という言葉自体がもはや懐かしいが、七〇年代当時、すでにハッカ糖は観光地の民芸駄菓子ショップみたいなところで、親の世代が「あ、懐かしいね」と買うものだったと思う。ときおり母親がどこかで買ってくると、筆者も珍しがって食べた。みっつほど食べると、ハッカのスースーが胃のあたりにはっきり感じられるようになり、「お腹の内側が寒くなる」という奇妙な感じが得られたのを覚えている。

ハッカのお菓子は北海道がメッカ。北見地方がハッカの名産地で、昭和初期にはなんと世界の生産量の七割を占めるほどだったのだとか。戦後に安価な合成ハッカが普及して衰退したが、今もハッカ糖は北海道名物のひとつなのだそうだ。しかし、ただでさえ寒い場所で食べるハッカの「スースー」はかなりキツイんじゃないかと思う。

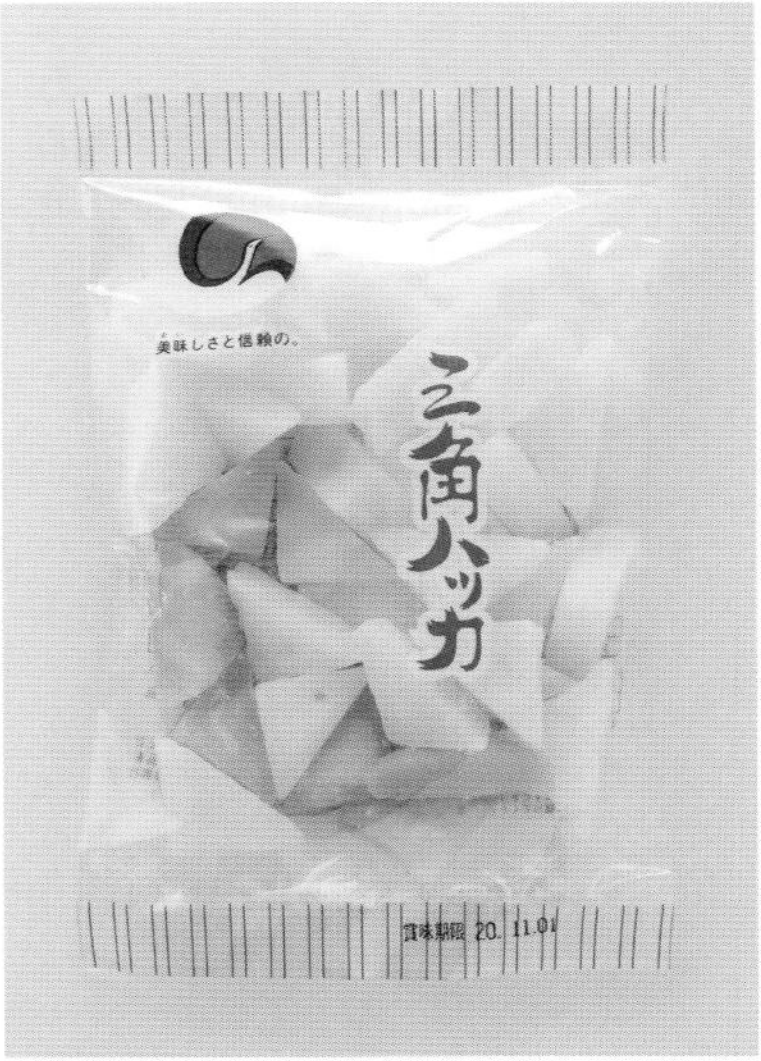

●三角ハッカ

発売年：1950年代　価格：オープン価格

問合せ：株式会社丸井スズキ／03-5831-6621

昔ながらの懐かし系お菓子を各種扱う丸井スズキの商品。白い通常版のなかに、少数のピンクやグリーンがまじっている。この色つきばかりを最初に食べてしまうのが子どもならではの特性である。独特のコリッとした歯ごたえが懐かしい。http://shop.s-maruishop.com

かるめ焼

よく縁日の屋台で売っていたカルメ焼き。小学生時代の一時期、筆者はこのお菓子に異常な執着を示していた。香ばしい味や、サクッと噛《か》んだとたん、口のなかでサッと溶けてなくなってしまう食感も好きだったが、魅了されたのはその製造工程だ。お玉みたいなモノに液体を入れて、火にかけながら木の棒でかき混ぜる。クルクルやっているうちに、突然、全体がモワッとふくらんでカルメ焼きに変身。魔法のような工程を屋台で観察してからというもの、どうしても自分でやってみたくなった。母親が「製法を知っている」と言うので、ねだって道具一式を買ってもらったのである。

材料は水、ザラメ、そして膨張剤としての重曹だったと思う。母のレシピに従い、ワクワクしながら専用棒で「もうすぐカルメ焼きに変身する液体」をかきまわしつづけた。が、変身しないのである。「変な茶色のネバネバ」ができるだけなのだ。重曹の量や入れるタイミング、かきまわすスピード、火加減、あらゆることを調節しながら何日間もトライしたが、「変な茶色のネバネバ」を量産しただけに終わった。

販売を手がけるのは丸井スズキだが、製造しているのは「かるめ焼本舗」の大橋製菓。手づくりのかるめ焼一筋で商売をつづける老舗メーカーだ。
http://shop.s-maruishop.com

●かるめ焼

発売年：1950年代　価格：オープン価格
問合せ：株式会社丸井スズキ／03-5831-6621

五家宝

おこしを水飴で棒状に固め、きな粉と水飴を練り合わせてつくった皮を巻き、さらに全体にきな粉をまぶしたお菓子。「おばあちゃんお菓子」のなかでもかなり地味なアイテムである。スーパーなどでよく売られる廉価版タイプ（ビニール袋入り）と、おみやげやお遣いものなどでもらう高級なタイプ（箱入り）が昔からあって、口にする機会はわりと多かった。ニチャッ&プチッという「湿った発泡スチロール」みたいな食感が独特で、子ども時代は食べる前に分解を試みたりして楽しんだ。

一般的ではあったが、この商品についてはは知らないことが多すぎる。まず、この名称。我が家では「ごかほ」と呼んでいたが、正しくは「ごかぼう」なのだそうだ。漢字で「五家宝」と書くことを初めて知ったが、そもそもは「五箇棒」と書いたのだとか。普及したのは明治時代に入ってからで、埼玉県の熊谷駅構内で「五嘉宝」（名称がいろいろあってややこしいが）として売り出されて評判を得た。その後、市内で多くのメーカーが製造をはじめ、熊谷銘菓として全国に広まったそうだ。

干飯《ほしいい》(乾燥させたご飯)を利用した保存食が徐々に洗練され、お菓子として発展していったのではないかとされている。普通のきな粉を使用した黄色いタイプのほか、青大豆のきな粉でつくった緑色のものもある(左)。個人的にはこちらのほうが印象的。
http://shop.s-maruishop.com

●五家宝

発売年：1950年代　価格：オープン価格
問合せ：株式会社丸井スズキ／03-5831-6621

ミックスゼリー

「おばあちゃんがくれたお菓子」の定番ではあるが、ちょっと好き嫌いが分かれるところだろう。我が家では母親がよくスーパーで買ってきては、食卓の菓子鉢に山盛りにしていた。筆者も父親も、どちらかというと「辟易《へきえき》する」という感じで色とりどりのゼリーをただ眺めるだけで、だいたい母親がひとりで消費していたようである。なんとなくだが、こういうグニュルッとしたものは男性よりも女性が好むという傾向があるような気がする。法事のときなど、親戚一同がお寺の控室(?)で待たされることがあるが、寺側が用意するお茶菓子にこの種のゼリーがよくまぎれていた。手をつけるのは、もっぱら母、祖母、叔母さん、いとこ姉妹だったという記憶がある。

開発したのは鈴木菊次郎氏という明治時代の大工さん。この人、ゼリー菓子に必須のオブラートの発明者でもある。で、現在、ゼリーを手がける各メーカーの多くは鈴木氏のお弟子さんなどが起こした会社。そのため、ゼリーメーカーは鈴木氏の地元近くの愛知県豊橋市に多く、このエリアで全国の生産量の八割をつくっている。

●ミックスゼリー

発売年：1950年代　価格：オープン価格
問合せ：金城製菓株式会社／電話番号非掲載

鈴木製菓の「マルキのゼリー」（まだある）が有名らしいが、我が家で常用されたのは金城製菓の商品。同社もやはり鈴木菊次郎氏の技術を受け継ぐ正統派だ。ゼリーメーカーはすべて家内工業。オブラートの巻きつけが機械化できないため、大手企業はゼリー製造に手を出せない

バナナカステラ

「ＢＡＮＡＮＡ」と書かれたバナナ型カステラのなかに、ソフトな白あんが入っている。最大の特徴は、その香り。ひと口かじったとたん、バナナの香りがフワリと広がる。筆者にとっては幼少期に親しんだお菓子だが、販売元の社長によれば「東京で知っている人は珍しい」とのこと。沖縄から北海道まで全国に普及してはいるが、特に知名度が高いのは大阪。関西圏では老若男女、知らない人がいないほどのおなじみの商品なのだそうだ。しかし、七〇年代当時の東京・渋谷区でも洋・和菓子店などで売っていた。「鮎焼き」（求肥《ぎゅうひ》を鮎《あゆ》型カステラで包んだ和菓子）のライバルという印象で、筆者としてはちょっと洋風な「バナナカステラ」のほうに軍配を上げていた。

起源は明治末期から大正初め。当初は竹の皮にのせて売られる高級和菓子だったが、戦後は駄菓子として販売された。大阪を中心に六〇社ほどの製造元があったらしい。一九六五年、アオバが大量生産に成功して全国に普及。以降、同社が製造する「青葉園良助謹製」こそが、元祖かつ正統派「バナナカステラ」とされているようだ。

高級和菓子だった明治・大正時代のスタイルを忠実に再現。ブロンズの金型を使うなど、こだわりの製法でつくられる元祖「バナナカステラ」。アオバが製造、リマが販売している

●バナナカステラ

発売年：1960年ごろ　価格：1本100円～
問合せ：株式会社リマ／072-884-2593

三色磯松葉

オレンジ、グリーン、黄色の彩りが特徴のカラフルなおつまみ。磯の松葉に見立てたネーミングも文学的だ。メーカーによれば、この商品が広く普及していたのは七〇年代まで。地味な色のものが多いおつまみに、ちょっとした華やかさを添える商品として人気を得ていたのだそうだ。最大の魅力はもちろん「色」だったのだが、その「色」が原因で今は需要が減っている。現代の、特に若い世代に着色料は「タブー」。メーカーも現在では「完全無添加」にこだわった珍味の製造をメインとしており、着色料使用が一般的だった時代の定番商品である「三色磯松葉」は例外。懐かしさから購入する人のため、少量を細々と生産しているのみなのだそうだ。なにかと「食の安全」が声高に叫ばれる現代だが、極彩色の駄菓子を食べまくった我々世代としては、高度経済成長期特有のカラフルな食品が次々と消えてしまうのはやはり寂しい。

ちなみに、僕も今回の取材で初めて知ったが、この商品は色によってちゃんと味が違う。オレンジはウニ、グリーンは山椒《さんしょう》、そして黄色はカレーの風味なのである。

●三色磯松葉

発売年：1960年ごろ　価格：オープン価格
問合せ：株式会社SAWA／03-3289-8834

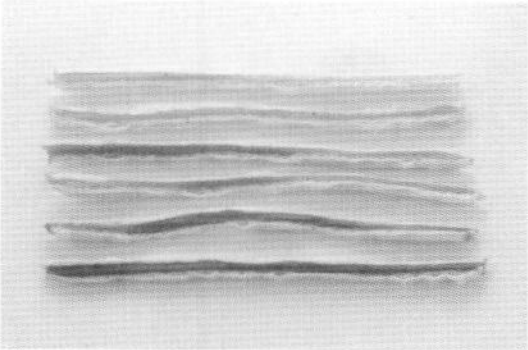

外側はタラ、色部分はコーンスターチなどによってつくられている。メーカーによれば、来歴ははっきりしないが、もともとは関西方面でつくられた商品らしい。流通量は少ないが、メーカーに直接連絡すれば購入可能

エンゼルパイ

幼稚園時代、とにかく「エンゼルパイ」が大好物だった。当時は競合商品として東ハトの「マッシーパイ」も売られていたが、やはり「エンゼルパイ」が一番のお気に入りだった。そんなある日、幼稚園の遠足のバスのなかで、同じ組の「タカコちゃん」という子から衝撃の事実を聞かされた。「知ってる？『エンゼルパイ』の中身はマシュマロで、外側は『マリービスケット』なんだよ」。僕は「えーっ！」と驚いてしまった。「マリービスケット」はともかくとして（これは誤情報である）、僕はずっと「エンゼルパイ」を「硬いカステラで不思議なクリームをサンドしたお菓子」だと思っていたのだ。あの不思議な食感のクリームが、ただのマシュマロだとはどうしても思えない。「違うよ！」「違くない！」という押し問答の末、「家に帰ってマシュマロを『マリー』ではさんで食べてみればわかる！」と言われ、本当にやってみた。「マリー」のマシュマロサンドはかなりチグハグな味だが、確かに食感は「エンゼルパイ」だ。あの「不思議なクリーム」の正体が判明し、僕は愕然《がくぜん》としたのである。

僕ら世代には1977年から長らく販売された２つ入りの小さな紙箱タイプがおなじみだったが、現在は「エンゼルパイ」「ミニエンゼルパイ」ともに８個入りのパッケージで販売されている。もちろん今もフワフワのマシュマロとしっとりしたビスケットの独特の食感と味わいは昔のままだ

●エンゼルパイ（バニラ）

発売年：1961年　価格：オープン価格

問合せ：森永製菓株式会社／0120-560-162

羽衣あられ

数多くのロングセラーを誇り、しかも個々の商品に多くのファンがついている。それがブルボンのイメージだ。一度世に出した商品は大切に育て、それらがちゃんと支持されて定番化する。まさに老舗のお菓子メーカーの理想的な姿である。そんなブルボンの古株商品のなかでも「最古」の商品が、この「羽衣あられ」。当時の社長の「世の中で一番薄いあられをつくれ」のひとことで開発された。「どのくらい薄くすればいいんでしょうか？」という開発者の質問に、社長は「天女がまとう羽衣くらい」と詩的な回答をしたそうだ。開発者はさぞ困惑しただろうが、見事に薄～いあられを完成させる。この薄さによって、従来のあられにはなかった軽い食感が生まれた。

発売当初から関西圏では爆発的にヒットしたが、特徴である「薄い塩味」は濃い味が好まれる関東圏ではウケなかった。西と東で出荷量が約六倍も違ったそうだ。が、ネット普及以降、多くの関西人が語る「西のソウルフード」としてのウワサが東京などでも評判になり、近年になって関東でも徐々に注目を集めはじめている。

国産もち米を使用。コク深い味の秘密は海藻から採った「藻塩」だ。当初は一斗缶で販売された。現在同社はネットやラジオでCMを打っているが、なんとこの商品、それまでは一度も広告を出したことがなかったそうだ。口コミだけで超ロングセラーの地位を獲得した稀有な商品なのである

●アルミ羽衣あられ

発売年：1961年　価格：100円
問合せ：株式会社ブルボン／0120-28-5605

アーモンドチョコレート

筆者にとっては「映画館のお菓子」である。母親は筆者を連れて映画館に行くと、必ず売店でこれを購入した。箱のトレイを半分ほど引き出し、ふたりの間のひじ掛けの上に置く。これはもう儀式のようなもので、初めての映画だった再上映の『メリー・ポピンズ』『チキ・チキ・バン・バン』二本立て、『シンドバッド 虎の目大冒険』『キングコング』『007 私を愛したスパイ』など、当時の映画はすべて「アーモンドチョコレート」をコリコリと噛《か》みくだきながら見た。暗闇のなか、箱の内側のヒラヒラした黒い紙を手探りでめくってチョコをつまむのは、けっこう神経を使う作業だった。

今ではアーモンド入りチョコを代表するこの商品、発売時は「地味な大人向け商品」として広告も打たず、普通の小売店ではほとんど扱われなかったそうだ。主な納品先はキヨスクやパチンコ店など。子ども時代、どこの映画館にも常備されているのが不思議だったが、この特殊な流通の名残だったのかもしれない。いずれにしろ、今でもこのチョコの心地よい歯ごたえは、映画館の非日常的な暗闇と結びついている。

当時、アーモンド系のお菓子といえばグリコが強く、これに対抗する商品として開発。70年代なかばのデザイン変更と広告攻勢により一気に認知度を上げ、明治の看板商品となった

●アーモンドチョコレート
発売年：1962年　価格：220円
問合せ：株式会社明治／0120-041-082

プランターズ　カクテルピーナッツ

二〇一六年よりハインツ日本が国内で正規輸入品として販売しているプランターズブランドの各種ナッツ。しかし、僕ら世代には強烈な懐かしさを感じさせる商品である。特にブランドキャラクターとなっている「ミスターピーナッツ」。七〇年代の日本でもプランターズの商品は輸入品などとして販売されており、僕らは子ども時代にあの「ピーナッツの紳士」の姿をあちこちで見かけた。日本の子ども向けキャラとはかけ離れた、どこかちょっと怖い感じもするシュールなデザインが独特の魅力を湛《たた》えている。幼少期、僕はどこかの店でもらった「ミスターピーナッツ」のゴム製キーホルダーがお気に入りで、自慢気にジーパンのベルトループにくっつけて歩いていた。

プランターズの創業は一九〇六年のペンシルベニア。独自技術でローストしたナッツに味をつけ、手軽なスナックとして販売するというアイデアを世界で初めて形にした会社だ。以来、世界最大のナッツ専門ブランドとして君臨している。「ミスターピーナッツ」の誕生は一九一六年。当時一四歳の少年が描いた絵が基になっている。

100年の歴史に培われた独自のロースト技術とピーナッツオイルで仕上げた深みのある塩味が特徴。ほかに「ミックスナッツ」や「ハニーローストピーナッツ」、「ホールカシューナッツ」など、全6種のラインナップで販売されている。どれもナッツ本来のうま味が堪能できる商品だ

●プランターズ カクテルピーナッツ

発売年：1962年(国内正規輸入開始は2016年)　価格：オープン価格
問合せ：ハインツ日本株式会社／0120-370655

みかん飴

僕がこの種のアメを初めて目にしたのは、七〇年代の初めごろだったと思う。恵比寿駅前に「えびすストア」という市場があって（現在もかろうじて残っている）、そこにときおり「アメ屋」のおじさんが店を出した。色とりどりのアメを並べて量り売りをする屋台の店だ。僕はそこで初めてこのミカン型のアメを見つけて、「わぁ、こんなアメがあるのか！」と驚いた。何度か母にねだって買ってもらったが、なかなかタイミングが難しい。「アメ屋」のおじさんは、数日ですぐに消えてしまうのだ。そして数カ月後、忘れたころにまた突然現れる。なんだか幻のようなおじさんだった。

「みかん飴」の歴史は古く、戦後に各地で駄菓子屋が増えはじめたころ、すでに定番の駄菓子として流通していたそうだ。大丸本舗は今もその当時の製法のまま、職人さんの手作業で「みかん飴」をつくっている。同社のカタログを見ると、ズラリと並んだカラフルで多種多様なアメが、あの「アメ屋」のおじさんの屋台とそっくりだ。ことによったら、あのおじさんは大丸本舗から仕入れいていたんじゃないかと思う。

みかんの房のふっくらとした丸みやシワまでをリアルに再現。形だけではなく、爽やかな酸味と優しい甘味がほどよくミックスされた味わいもリアルにミカンだ。オレンジ果汁を使用。同社のフルーツ系のアメとして、ほかに「パイン」「いちご」「沖縄レモン」「ゆず」「山ぶどう」などがある。
http://www.daimaruhonpo.co.jp

●みかん飴

発売年：1963年ごろ　価格：オープン価格
問合せ：有限会社大丸本舗／0568-32-0613

プリンミクス

我々世代にとって、ハウスという会社は社名のとおり「家庭」、それも「楽しい家庭」を象徴するようなメーカーだったと思う。同社の各種手づくりおやつはどこの家庭でも一度は親子で楽しんだはずだし、それらのＣＭでは長年にわたって「楽しい家庭」のイメージを提示してきた。思春期以降、特に男の子はそういうものがうとましくてたまらなくなったりもするわけだが、今になってみれば、親子でプリンやゼリーをつくったというたわいのない思い出は、「けっこう貴重かもなぁ」と思う。絵に描いたような「楽しい家庭」を「実際にやってみる」にはちょっとしたきっかけが必要で、ハウスはそのちょっとしたきっかけをせっせと提供しつづけてくれた会社なのだ。

そんなハウスのイメージを決定づけたのが、同社の手づくりおやつ第一弾「プリンミクス」。「水だけでつくれる」という手軽さが受け、「家庭のプリン」を象徴する商品となった。また、当時は牛乳が比較的高価で、各家庭で使えるのは一日にせいぜい宅配牛乳ビン二本分程度。「牛乳不要」は経済性の面でも高く評価されたのである。

初期CMには島かおりが登場したそうだが、強い印象を残したのは70年代の大場久美子。巨大プリンを前に「わたしのプリンはデカプリン！」と宣言していた。かつては火にかけてつくったが、1986年に改良されてポットのお湯（70℃以上）でもOKに。ほかに牛乳でつくる「プリンエル」もある

●プリンミクス
発売年：1964年　価格：150円
問合せ：ハウス食品株式会社／0120-50-1231

ヒロタのシューアイス

家に来る客を手みやげによって「格づけ」していたという話は「ヒロタのシュークリーム」の項で書いたが、夏の暑い日に「シューアイス」をセレクトしてくる客には、「この人は子どもの気持ちがわかる人だ！」といった連帯感すら感じた。逆に、うだるような暑さのなか、重たそうな練りようかんの包みを持ち込んでくる人などを見ると、子どもとしては「人格を疑う」という感じになる。「どうしてわざわざあんなのを買ってきたんだろう？　ヒロタのお店ならどこの駅にもあるのに」。そう、ヒロタのショップは昔も今も駅に「つきもの」。これはヒロタの店舗展開の特徴で、気軽なおみやげ・お遣いものに利用してもらいたい、という目的から考えられたものだ。

「シューアイス」を「発明」したのはヒロタだが、開発のきっかけはちょっとした偶然。社員が誤ってシュークリームを凍らせたことがヒントになったそうだ。その後、シューにマッチするアイスをセレクトし、クリームが溶けても原形を保つ独自の工夫を研究。当時一個二〇円という手軽さも受け、ヒロタの第二の看板商品となった。

「バニラ」「チョコレート」「いちご」「宇治抹茶」「クッキー＆クリーム」「ラムレーズン」などのほか、限定フレーバーもある。撮影用商品の入手時、お店の人がドライアイスを木づちでコンコンと割って入れてくれた。「あー、昔もそうだったなぁ」と妙なところに郷愁を感じてしまう

●ヒロタのシューアイス

発売年：1964年　価格：130円
問合せ：株式会社洋菓子のヒロタ／0120-47-1201

バッカス

今回の取材でもっとも驚いてしまったのは、「バッカス」「ラミー」というロッテの異色チョコレートが、なんとそれぞれ一九六四年、六五年に発売されていたということだ。同社が初めて「ガム以外の商品」を発売したのは六四年の「ガーナミルクチョコレート」だが、同時期にこれほど個性的なチョコを開発していたわけだ。

僕は勝手に「バッカス」「ラミー」の発売は自分の小学生時代、チョコレートのバリエーションが増えていった七〇年代のなかばあたりだと思っていた。僕が初めて口にしたのがこのころだ。資料によると、この時期に「バッカス」が大幅リニューアルされている。初期は板チョコ状だったが、七五年に現在のようなひと粒タイプに生まれ変わったのだ。このタイミングで僕は「バッカス」「ラミー」を知ったのだろう。

渋くてオシャレなパッケージからして「お子様お断り」という感じで、もちろん芳《ほう》醇《じゅん》なコニャックやラム酒がベースとなる深い風味も超大人向け。子どもにとっては「大人の世界」を象徴する縁遠い商品だったが、その近寄りがたさこそが魅力だった。

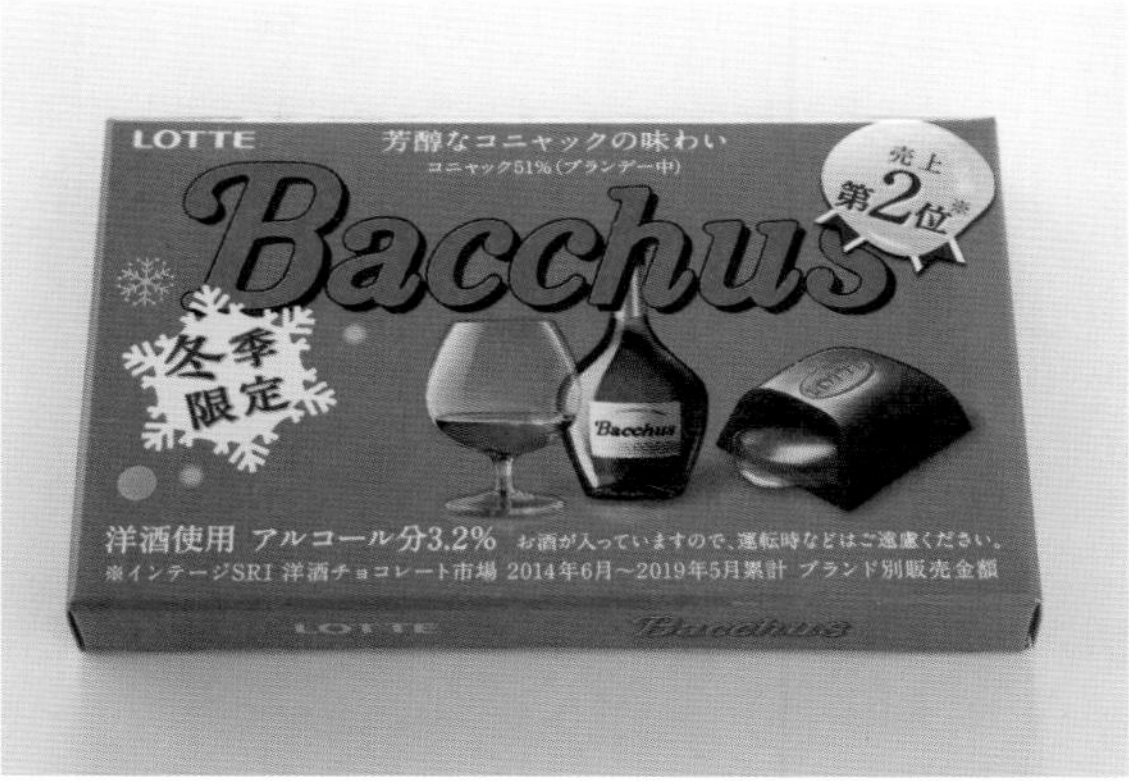

左は「ラミー」（1965年、オープン価格、秋冬限定商品）。コニャックを使用した「バッカス」に対し、こちらはラムレーズンと生チョコを封入。季節限定の洋酒チョコとして、2014年にはリンゴの風味の「カルヴァドス」も発売された
※写真はどちらも2020年2月時点のパッケージ

●バッカス（秋冬限定商品）
発売年：1964年　価格：オープン価格
問合せ：株式会社ロッテ／0120-302-300

源氏パイ

ロングセラーの「模範生」のような商品を多数抱える三立製菓。その名を全国的に知らしめたのが、ご存じ「源氏パイ」だ。薄い生地を何層にも重ねるパイは量産化不可能とされていたが、一九六四年、同社は業界初の量産パイ菓子「サロンパイ」を発売。その一年後、さらに本格的なパルミエ（ハート型）パイとして登場したのが「源氏パイ」である。商品名はＮＨＫ大河ドラマ『源義経』にあやかった。形が弓矢の羽根部分に似ていることもあって、あえて和風のネーミングが採用されたらしい。発売から三カ月後には、昼夜二部制で製造しても追いつかないほどの人気商品となった。

「源氏パイ」によって新たに誕生したパイ菓子市場に、その後、多くのメーカーが参入。筆者の記憶では七〇年代後半くらいまで、各メーカーは手を替え品を替え、さまざまなパイ菓子を発売していた。明治製菓の「フレンチパイ」（三つ山のヒョウタンみたいな形）なども一時はヒットしたが、やはり手間やコストがかかるのだろう、いつの間にか後発商品はどれも消滅。結局、パイオニア商品が残ったのである。

独特のハートの形は型で整形しているわけではなく、焼く過程の膨張で自然にできるのだそうだ。そのため、よく見るとひとつひとつのハート型に微妙な個性がある。モンドセレクション金賞を5年連続で受賞した初の商品としても知られる

●源氏パイ

発売年：1965年　価格：オープン価格
問合せ：三立製菓株式会社／053-453-3111

動物ヨーチ

「動物ヨーチ」には謎が多い。(たぶん)多くの人が幼少期から気になっているはずの「判別不能の形」については、門外不出(?)の「禁断の全種類リスト」を次ページに掲載する。心して読んでいただきたい。「どうでもいい」という人にはまったくどうでもいい内容だが、ある種の人々には積年の謎を解消する手がかりとなるはずだ。

また、「ヨーチ」なる不思議な名称は、欧米の「キンダーガートンビスケット」に由来。「英字ビスケット」など、多少の「教育効果」を持つビスケットを示すらしい。直訳すれば「幼稚園ビスケット」。これが省略されて「ヨーチ」となった。さらに、ほとんどのメーカーの「動物ヨーチ」は、なぜかビスケット部分がまったく同じデザイン。ビスケットメーカーの老舗、宝製菓が一手に製造しているためだ。さらに、動物と「どう見ても動物じゃないモノ」が混在しているが、当初、動物型とは別にオモチャ型の商品があった。経年のためにそれぞれの成型用の型が劣化、形の種類が減少し、「じゃ、動物とオモチャをいっしょにして売ろう」となったのだとか。

「動物ヨーチ」全種類リスト(宝製菓提供)トリ、時計、栗、電車、ヤギ、ネコ、アドバルーン、ひょうたん、イヌ、魚、張り子のトラ、鬼、人形、ウサギ、うちでの小づち、サル、ブタ、ロバ、うす、ヒツジ、ウシ、ヒョウ、ウマ、ヘリコプター、イノシシ、カバ、ゾウ、トラ、タヌキ、シカ、ネズミ
(全31種/写真はその一部)

●美術菓子(動物ヨーチ)

発売年:1960年代　価格:販売店・メーカーによって異なる
問合せ:宝製菓株式会社/電話番号非掲載

バターココナツ

二〇〇二年に日清製菓が倒産して「バターココナツ」が市場から消えてしまってからというもの、記憶がウヤムヤになってしまい、現存する「ココナッツサブレ」（日清シスコ）と消えた「バターココナツ」の違いがわからなくなった……という人が続出した。ネット上でもよく議論になって、「あれは箱が違うだけで中身は同じだった」などと珍説を主張するヤカラまで登場する始末。まぁ、商品名もメーカー名も似ているので、こういう記憶の混戦は無理もないのである。子ども時代、僕は断然「バターココナツ」派で、親が間違えて「ココナッツサブレ」を買ってくるとダダをこねた。それは覚えているのだが、両者がどう違っていたのか、長らく思い出せずにいた。

そして発売四〇周年の〇六年、日新製菓が復活し、正真正銘の「バターココナツ」が、あのモンドセレクションの金メダルが輝くパッケージもそのままに帰ってきた。何十年ぶりかで食べてみて、瞬時に記憶が戻る。そう、この不思議なサクサク感！　「クラッカーとビスケットの中間」というこの食感こそが開発時のテーマだったそうだ。

復活後も60年代のパッケージデザインを踏襲している。モンドセレクションと聞けば、即座にこのパッケージを思い出す人も多いだろう(まぁ、ギンビスの「アスパラガス」を思い浮かべる人も多いだろうけど)。あのビックリするほど軽い独特の食感、フワリと広がるココナッツの風味も昔のままだ。現在、流通量が減ってちょっと入手困難。見つけたら即座に買おう！

●バターココナツ

発売年：1966年　希望小売価格：150円

問合せ：日清製菓株式会社／電話番号非掲載

ストロベリーチョコレート

チョコレートのもっともベーシックなスタイルはもちろん板チョコだが、板チョコをそのままガリガリかじった、という記憶はほとんどない。食べたのはもっぱら「マーブルチョコレート」や「チョコベビー」「コーヒービート」のように食べやすく加工されたものばかり。唯一の例外がこの「ストロベリーチョコレート」だった。

当時の子どもたちにとって、「イチゴ味」は「おいしい」の基本。今のようにお菓子の味のバリエーションが多くなかった当時、「イチゴ味」「オレンジ味」の二種のラインナップで売られる商品がやたらと多かった。「イチゴ味」といっても、ほとんどが「イチゴと思おうと思えば思える」という、クスリくさい香料の風味なのだが、それでもたいていの子が「イチゴ味」を好んでいたと思う。だが、「ストロベリーチョコレート」は本当の「イチゴ味」。イチゴのツブツブまで入っていて、当時、ここまでリアルな「イチゴ味」はほかになかったと思う。手元に一九七〇年の雑誌広告があるのだが、思わず納得のキャッチコピーは「一年中をイチゴの季節にしました」。

旬の朝摘みイチゴをたっぷり使ったストロベリークリームをミルクチョコでサンド。「大人の嗜好《しこう》品」という感じの渋い板チョコのなかで、この華やかで美しいパッケージも印象的だった。今もかつてのデザインをほぼ踏襲している(当時の商品名は「明治チョコレート〈ストロベリークリーム〉」)

●ストロベリーチョコレート

発売年：1967年　価格：122円

問合せ：株式会社明治／0120-041-082

渚あられ

栗山米菓といえば、誰もが思い浮かべるのはご存知「ばかうけ」。一九八九年の発売以来「ばか売れ」状態がつづき、現在までに累計一九〇億枚が食べられてきたという記録を持つ同社の看板商品だ。「ばかうけ」も充分にロングセラーなのだが、『まだある。』としては、それ以前のさらなるロングセラーにスポットを当てたい。

同社が誇る最古参の商品が、一九六七年に発売された「渚あられ」だ。渋めのパッケージに入った「まさに正統派のあられ」といった感じの商品。一見武骨で、いかにも硬そうな昔ながらのあられなのだが、食べてみるとこれがなぜ半世紀にもわたってファンに支持されてきたのかがわかる。しっかりした歯ごたえがありながら、カリカリッと心地よく噛《か》みくだける食感のよさ。そして、なんともいえず香ばしいしょう油の風味がやみつきになってしまう。この独特のおいしさは、伝統製法でつくったあられならではの表面の自然なひび割れと、そこに染み込んだ二種のたまりしょう油によってもたらされるもの。米菓のおいしさを再認識させてくれる商品だ。

●渚あられ

発売年：1967年　価格：オープン価格
問合せ：株式会社栗山米菓／0120-957-893

基本の「しょうゆ味」のほか、２種の合わせ塩のうま味が味わえる「しお味」がある。商品名の「渚」については、渚ゆうこの熱烈なファンだった社員が命名した……という噂《うわさ》が社内に伝わっているらしいが、資料などは残っておらず真偽のほどはわからないそうだ

コロネ

子ども時代、こうした大手メーカーの袋入り菓子パンは、主に近所の「牛乳屋さん」で購入した。たいがい買うものも決まっていて、総菜パンなら「焼きそばパン」か「ハムカツパン」、コッペパンにマカロニサラダがはさんである「マカロニサラダパン」やナポリタン入りの「スパゲティパン」（今ではほぼ絶滅状態）。菓子パンなら「三色パン」かレーズン入り「黒パン」、そして、この「チョココロネ」だ。

「チョココロネ」の食べ方には人それぞれの「流儀」があり、チョコ穴の周囲からパンを少しずつちぎり、ちぎったパンにチョコをつけて食べていく、というのがもっとも上品（編集部内にこういう人がいる）。もっとも下品なのはトグロを巻いたパンを少しずつほどきながらチョコをなめていき、最終的に一本のヘビ状のパンにしてしまう、というもの。下品というより変態である。筆者の場合は先端からかじっていく方法で、これもかなり行儀が悪い。行儀が悪いといえば、チョコ穴にフタをしている四角い紙（現行品にはない）、あれをはがしてペロッとやった記憶は誰にでもあるはず。

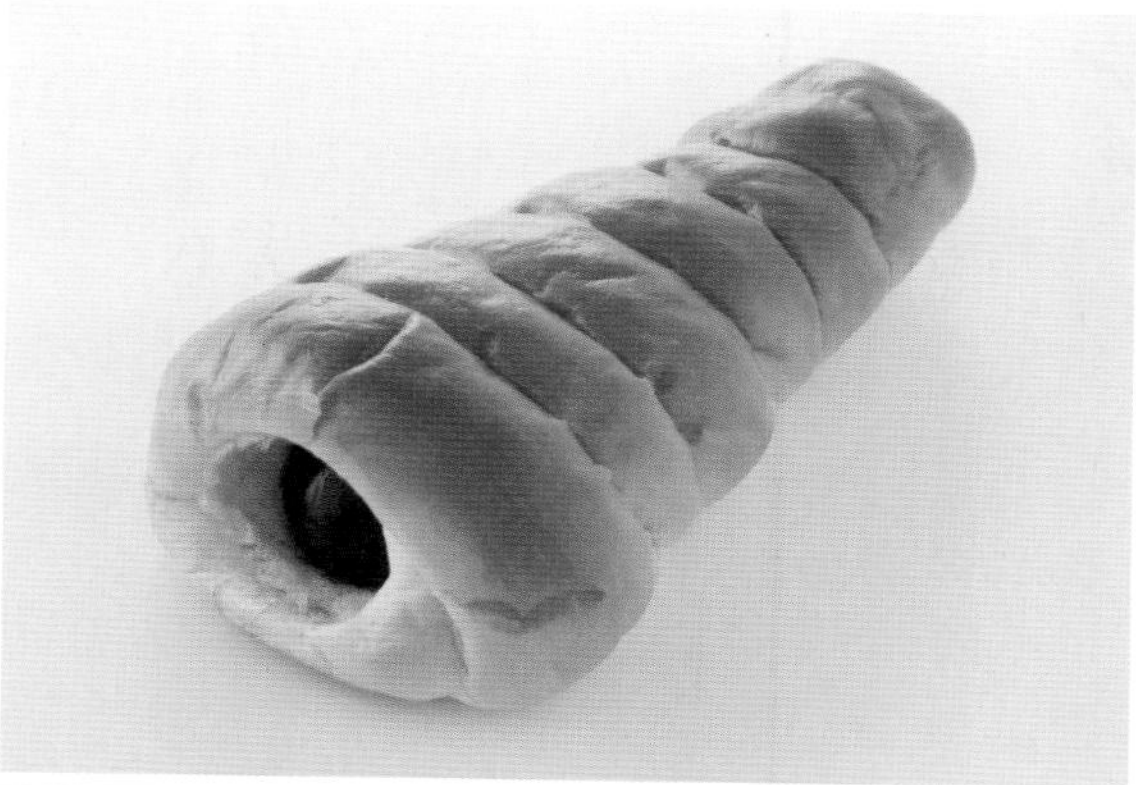

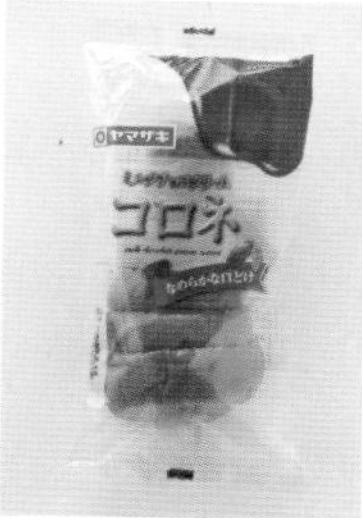

コロネはフランス語の「cornet」で、ツノの意。動物のツノを模したわけだが、この形状はなぜかパンがとてもおいしく見える。ちなみに、同じくツノ型のソフトクリームのコーンも「cornet」がなまったもの。その昔はカスタードなどの白いクリーム入りもあったが、現在はチョコが主流だ

●コロネ（ミルクチョコクリーム）

発売年：1968年以前　参考価格：119円
問合せ：山崎製パン株式会社／0120-811-114

スペシャルサンド

同世代の人間と「懐かしい菓子パン」の話をすると、必ず話題にのぼるのが「赤丸入りクリームサンド」。コッペパン中央の切れめにバタークリームをはさみ、シロップ漬けの赤いチェリー（もしくは球体の赤いゼリー）をトッピングしたものだ。

子ども時代、近所に「名花堂」という自家製パンを売る店があった。商品がズラリと並んだショーケースのなかで、「赤丸入りクリームサンド」はいつも一番輝いて見えた。「今日はほかのパンを買おう」と思っても、逃れがたい魅力につい負けてしまう。その輝きの源泉は、もちろんパンの中央に鎮座する「赤丸」。あれがなければたちまち「ただのクリームサンド」。「画竜点睛《がりょうてんせい》を欠く」とはまさにこのことだろう。

「名花堂」廃業以来、長らく目にしていなかったのだが、かのヤマザキパンは今もほぼ同じものを製造してくれている。純白のクリームとルビーのような赤いゼリーの取り合わせの美しさは、子ども時代に目にしたイメージそのもの。「これこそが菓子パンの完成形だ」などと思いつつ、食べる前はいつもひとしきり鑑賞してしまう。

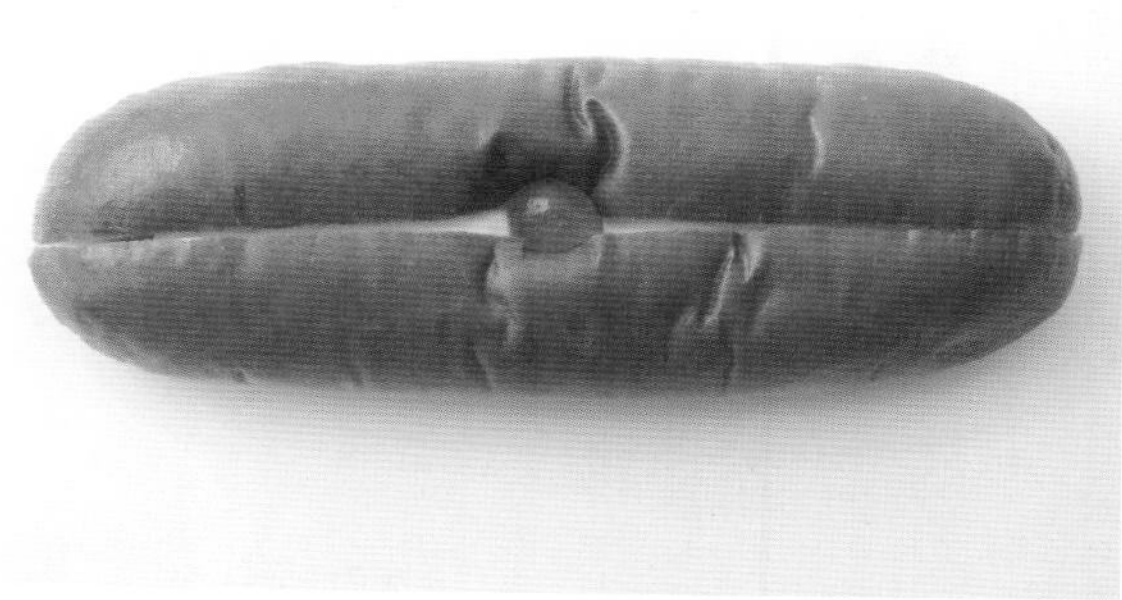

クリームにアンズジャムも加えられており、後味が爽やか。クリームとジャムの両方を用いた菓子パンは発売当初はかなり珍しかったそうだ。「赤丸」はハッピーチェリーと呼ばれるゼリー

●スペシャルサンド

発売年：1968年以前　参考価格：110円

問合せ：山崎製パン株式会社／0120-811-114

ミニスナックゴールド

ヤマザキパンが誇る超ロングセラー菓子パンの代表。個人的には中学生時代に非常にお世話になった。「半ドン」（というのも死語か）の土曜日は、ヘタレ軟式テニス同好会の練習があるので、親から五〇〇円だかのお金をもらってパンを買う。しかし筆者はアイスかジュース、そしてこの「ミニスナックゴールド」のみで昼食をすませ、おつりはせっせと貯金してレコード購入資金にあてていた。「ミニスナックゴールド」のあの常軌を逸した大きさは、ささやかな「横領」を繰りかえすロック少年には本当にありがたかったのである。が、前から気になっていたのだ。「大きい」ことで多くの少年少女を魅了したはずのこのパン、なぜ商品名に「ミニ」がつくのか？

実は、発売時の商品名は「ミニ」のつかない「スナックゴールド」で、大きさは現在と同じ。その後、関西地区で小型の「スナックゴールド」が「ミニスナックゴールド」として発売された。そして七一年、商品自体の規格は大きいほうに統一、名前のほうは「ミニ」に統一され、大きな「ミニスナックゴールド」が誕生したそうだ。

商品名の経緯は複雑だが、最終的になぜ商品名に「ミニ」が残ってしまったのかは、今となってはメーカーにも謎なのだそうだ。「ゴールド」としたのは「金メダルに匹敵するヒット商品を」という願いから。昔も今も、食べ盛りの中高生にとっては金メダル級の菓子パンである

●ミニスナックゴールド

発売年：1968年　参考価格：127円

問合せ：山崎製パン株式会社／0120-811-114

フィンガーチョコレート

「フィンガーチョコレート」は一九五〇年代から大小さまざまなメーカーが製造していた。我々世代がもっとも親しんだのは、一九五三年に発売された森永製だろう。とにかく文字どおりいたるところで見かけたお菓子で、友人や親戚宅で数種のお菓子が盛られた菓子鉢が登場すると、必ずと言っていいほど「フィンガーチョコレート」がまじっていた。クラスメイトの「お誕生日会」などに呼ばれたりすると、「フィンガーチョコレート会か？」と思うほどに大量にふるまわれたものだ。それほどポピュラーなお菓子だったが、いつの間にか各メーカーは次々に製造を中止。かつての定番中の定番お菓子が、現在ではかなりレアで貴重な商品になってしまっている。

　昔から銀紙に包まれているのが特徴だが、一袋に数本だけ、金色の紙で包装されたものが入っていた。中身に違いはないが、「希少性」が人の理性を狂わせ、兄弟間や仲間内で「金の奪い合い」が頻発した。もちろん現行品のカバヤ製も一本ずつ銀紙に包んだ昔ながらのスタイル。従来の銀、金に加え、ピンク色も追加されている。

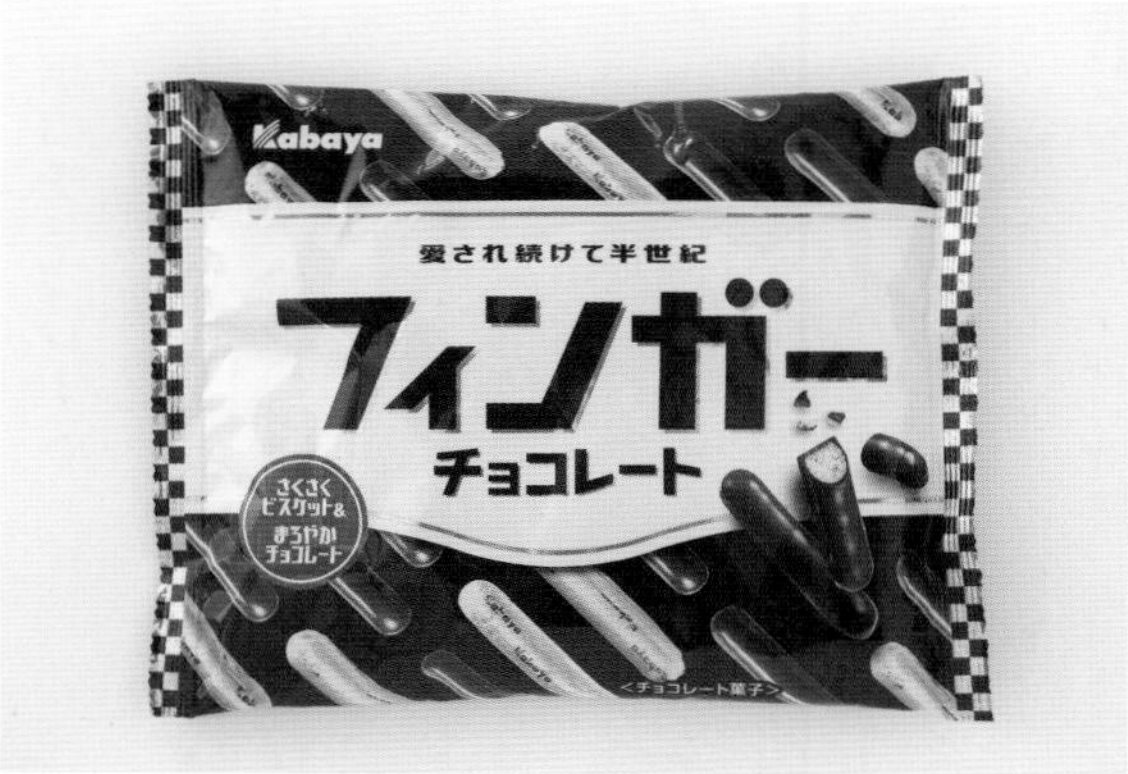

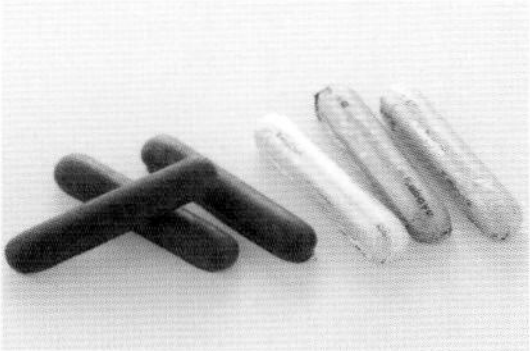

発売当初は少量で売られ、箱入りもあったそうだ。1983年に現在のようなファミリーパックにリニューアルされた。サクッとしたビスケットと甘さ控えめのセミビターチョコレートが一度に味わえる

●フィンガーチョコレート

発売年：1969年　価格：オープン価格

問合せ：カバヤ食品株式会社／0120-24-0141

アポロチョコレート

今の子どもたちにもすっかりおなじみの商品、というより、キャラの「アポロちゃん」が誕生したり、さまざまなバリエーションが登場して話題になったり、「アポロ」周辺は今のほうがむしろにぎやか。七〇年代も定番の商品で、初めて見たときはその複雑な形とツートンのデザインにビックリした。子ども心に「つくるのが大変だろうなぁ」と思ったものだ。食べる際に誰もがやったのが「上下切り離し」。ツメや歯の先でピンク部分とチョコ部分を分離させ、チマチマと別々に食べる。で、「うん、確かに味が違う。ピンクはイチゴだ」などとあたりまえのことに納得する。

発売が一九六九年、となれば、この形がなにをモデルにしたものかは簡単に推測できると思う。そう、この年に人類初の月面着陸に成功したアポロ11号をモチーフにしているわけだが、実は「アポロ」という名称、アポロ計画以前に明治製菓が商標登録していた。ギリシア神話の太陽神アポロンからとって「いつか商品に使おう」と思っていたところ、アポロ計画によって偶然にタイムリーな商品名となったのだそうだ。

●アポロチョコレート

発売年：1969年　価格：112円

問合せ：株式会社明治／0120-041-082

特徴的なデザインはかわいいだけではなく、おいしさにも貢献していると思う。この円錐《すい》形とギザギザが食感のポイントで、ただの丸や四角だったら味わいもまた変わっていただろう

フジミネラル麦茶

小学生時代の夏休み、二階の子ども部屋で昼寝をしていた。目を覚ますと昼下がり。外はまだうだるような炎天下らしく、白いレースのカーテンが西日で光っている。階下に降りていくと、母は買い物にでも行ったのか台所は無人。なのに、さっきから水音が聞こえる。流しに大きなヤカンが置かれ、出しっぱなしの水道水に勢いよく打たれている。煮出した麦茶を流水で冷やしているのだ。かすかに漂う香ばしい匂いを嗅ぎながら、しばらくの間、水しぶきをあげるヤカンをボーッと眺めていた……というつまらない日常のひとコマは、筆者にとってもっとも夏らしい光景のひとつ。

ただでさえ暑いなか、大量のお湯を沸かす、というのは麦茶製作に必須の工程だったが、これをくつがえしたのが「水出し麦茶」の先駆け、「フジミネラル麦茶」。続々と後発商品が現れたが、個人的には「煮出し」に匹敵する味の濃さと香りがあるのは、やっぱり「フジミネラル麦茶」だと思う。流水を浴びるヤカンに代わり、今ではあのオレンジ色の箱と、「♪ミッネラ〜ルむっぎっちゃ」のCMに夏を感じてしまう。

1965年に開発され、数年後に発売。2007年には大麦を33%増量した。箱も変更されるのかと心配したが、ひと安心。この昭和テイストの写真でなければ「夏休み感」は出ないのだ。ちなみに、1982年から2006年まで放映された松島トモ子さんのCMは、なんと社長が直々にプロデュースしていたらしい

●フジミネラル麦茶

発売年：1960年代後半　価格：15袋入り270円、32袋入り500円
問合せ：石垣食品株式会社／0120-047-307

ミツヤのレモネード

三矢製菓は一九三五年に荒川区西尾久で創業。以来、八〇年以上にわたって「ラムネ一筋」で勝負しつづける超老舗のラムネ専門メーカーである。看板商品といえば、東京人であれば誰もが一度は口にしたことのあるはずの「ミツヤのレモネード」。鮮やかに彩られたビニールでひとつひとつひねり包装され、大袋に詰まった姿もカラフルでポップ。昔から子どもたちがひと目見て「わぁ！」と声をあげてしまうような楽しさにあふれた商品だった。現在も当時とほとんど変わらない意匠で販売されている。

同社は創業時から駄菓子屋向けのラムネを手がけていた。当時の駄菓子屋では、当たりが出ると大きなラムネがもらえる「ラムネくじ」などが人気だったそうだ。高度経済成長を経て時代も変わったころ、当時の社長が「新しい時代にマッチした新しいイメージのラムネを」と考案したのが、パイナップル、オレンジ、ストロベリー、サイダーの四種のフレーバーをミックスしたこの商品。「レモネード」はもともと和製英語である「ラムネ」の語源だが、「オシャレで新しい」とあえて商品名に採用した。

●ミツヤのレモネード

発売年：1960年代　価格：オープン価格
問合せ：三矢製菓株式会社／0489-94-5222

ちょっと大粒の昔ながらのラムネ。強すぎない甘さとかすかな酸味、そして各種フルーツのフレーバーの取り合わせが絶妙。カリッとしたほどよい固さなのにスーッと消えていく口溶けのよさも特徴だ

ソフトサラダ

「ポテトチップ、食べる？」とか「プリン、食べる？」と言われれば、「うんっ！」と満面の笑みを浮かべるが、「おばあちゃん」などから「おせんべい、食べる？」と言われると、「う……うん……」みたいな感じになってしまう。それが我々スナック菓子世代である。今でこそ歯ごたえや香ばしさを楽しむことができるようになったが、子ども時代、おせんべいは「嫌いじゃないけど、ウキウキ感はゼロ」というお菓子のひとつだった。しかし、なにごとにも例外があって、それが別項で紹介している「ハッピーターン」と、この「ソフトサラダ」。どちらも亀田製菓の看板商品だ。

ガリッではなく、サクッという軽い歯ごたえ。しょう油の渋い味わいではなく、わずかにオイリーで、どこかしら洋風な風味。多種多様なスナック菓子を常食していた我々も、「ソフトサラダ」にはちゃんとウキウキできたのである。この「サラダ」という名称、不思議に感じていた人も多いと思うが、サラダ油を使用していることからつけられたもの。あくまで塩味なのだが、新しさのアピールをねらって命名された。

ソフトな食感とボリューム感のある新しいおせんべいとして登場。現行品は味付けの塩にこだわり、天日塩を沖縄の海水で煮詰めた「シママース」を使用している。期間限定商品では「ソフトサラダ 塩とごま油風味」や「ソフトサラダ 瀬戸内レモン味」など、幅広いバリエーションを展開している

●ソフトサラダ

発売年：1970年　価格：オープン価格

問合せ：亀田製菓株式会社／025-382-8880

ペロティ

筆者が園児時代に親しんだ「ペロティ」は、プラ製のスティックを差したシンプルな円盤型のチョコだった。表面はホワイトチョコ、裏は普通の茶色いチョコ。ホワイトチョコの上に茶色いチョコの線のイラストが描かれていて、食べるときはまずイラストをなめとって「白紙に戻す」のが基本。絵の描いてあるお菓子はほかにもあったが、「ペロティ」のイラストは普通の印刷と同じくらいに鮮明で細やかなものだった。今回、グリコからいただいた資料を読んでビックリ。あのイラスト、チョコに描いたのではなく、実はパッケージ（容器の透明部分の内側）のほうにスクリーン印刷（いわゆる「プリントゴッコ」方式）で印刷し、そこにチョコを流し込んで転写していたのだそうだ。アドバイスしたのは、かの大日本印刷だったらしい。

初期「ペロティ」の絵には動物、電車、クルマなどが多かったと思う。女の子向けには少女マンガやファンシーな絵柄が用意されていた。「ドラえもん」が記憶に残っている人が多いかもしれないが、それは「ペロティ」ではなく「ペロタン」である。

©Disney

©Nintendo

現行品はご覧のとおり、イラストではなくチョコ自体が立体的にキャラクターを表現するスタイルになっている。「ミッキー＆ミニー」と「マリオ」の2種のラインナップ。イチゴ味で２本入りが特徴だった「ペロタン」（1973年発売）も近年まで売られていたが、現在は終売

●ペロティ

発売年：1970年　価格：オープン価格

問合せ：江崎グリコ株式会社／0120-917-111

名糖アルファベットチョコレート

我々世代の幼少期、チョコレートといえば基本的な板チョコが主流だった。どちらかといえば高級なお菓子で、商品のパッケージやＣＭも大人、もしくは若者向けにつくられていた記憶がある。それをガラリと変えたのが、この名糖の「アルファベットチョコレート」の登場だ。「英字ビスケット」と並ぶ「文字型お菓子」の代表だが、個包装のひと口チョコレートという形態がとにかく新しかった。これ以降、駄菓子屋にも各種ひと口チョコレートが一〇円程度の価格で並ぶようになる。ボールやグローブの形、グー、チョキ、パーの手の形などを刻印したひと口チョコが流行したが、こうしたアイデアを市場に提供したのが「アルファベットチョコレート」なのだ。

また、現在ではどこのスーパーにも並んでいる大袋入り徳用チョコレート、その元祖も「アルファベットチョコレート」なのだそうだ。小袋入りの発売から七年後、一九七七年にお徳感を強調した大袋を発売。割高なチョコをお徳用商品として販売するのは業界初の画期的なアイデアで、以降、多くのメーカーが追随することとなった。

苦くて硬いチョコばかりだった当時、ソフトなミルクチョコの味は子どもたちに歓迎された。大量のチョコから文字を探し出し、自分の名前をつづる……というのが定番の楽しみ方

●名糖アルファベットチョコレート
発売年：1970年　価格：オープン価格
問合せ：名糖産業株式会社／電話番号非掲載

麦ふぁ〜

その昔、日本におけるウエハースは単独で成立するお菓子ではなく、お菓子の材料として用いられることが多かったそうだ。和菓子メーカーなどに納品され、餅や寒天ゼリーをサンドした商品に使用されたという。本書でも扱っている「ナイスゼリー」などは、まさにこの時代に誕生した商品だ。ウエハースのもうひとつの需要が「赤ちゃん向けのおやつ」。僕ら世代でも、最初に口にしたウエハースはこうした幼児用商品だった、という人が多いだろう。そんな事情で、当時のウエハースは無味無臭であることが多く、大人がそれ自体をお菓子として楽しむものではなかったのである。

これを変えたのがタケダの「麦ふぁ〜」だ。以前からウエハースやタマゴボーロなどの幼児向きの製品を手がけていた同社は、ウエハースにクリームをサンドし、大人も楽しめるお菓子として商品化した。しかし、まだバニラの風味に慣れていなかった当時の消費者からは、「化粧品の匂いがする」などと言われてしまったそうだ。その後、クリームの風味と量を日本人好みに調整、とたんに爆発的なヒット商品となった。

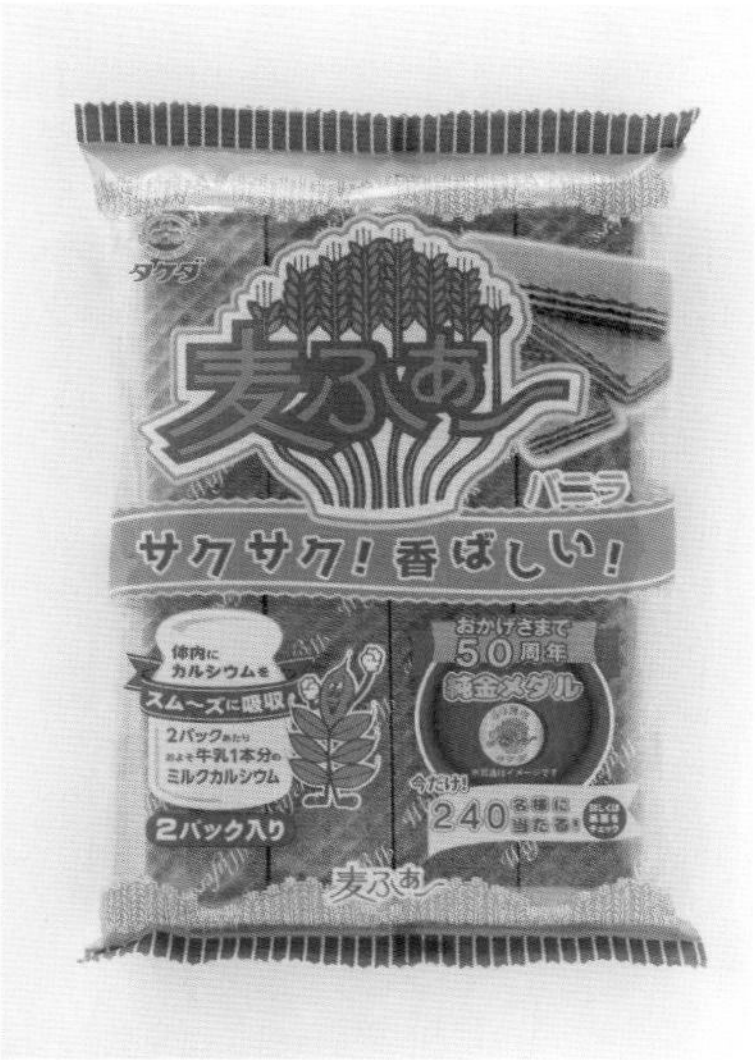

●麦ふぁ〜

発売年：1970年　価格：230円
問合せ：竹田本社株式会社／0120-81-8872

当時は健康ブームの時代。麦には健康増進のイメージがあるため、そうした状況もヒットの要因になった。長らくウエハースがズラリと一列に並ぶパッケージで販売されたが、2018年に湿気に強い2パック仕様にリニューアルされた

かーさんケット

「ミスターイトウ」ブランドで知られるビスケットメーカーの老舗、イトウ製菓。ビスケット本来のおいしさを追求したシンプルな王道ロングセラー商品を多く抱える同社だが、なかでももっともシンプルで正統派、「これこそビスケット!」と言いたくなってしまう商品が「かーさんケット」である。「小麦本来のおいしさ」をアピールする商品は数多いが、まさに「かーさんケット」は小麦の素朴な味と香りそのものを堪能するためのビスケットだ。これ以上ないくらいオーソドックスな味わいで、だからこそまったく飽きることがなく、いつ食べてもシミジミとおいしい。どストレートなネーミングと、レトロ感が印象的なお母さんのイラスト、さらに今では珍しくなった中身のお菓子がちゃんと見える安心感のある透明なパッケージも素晴らしい。

僕はまったく知らなかったが、昨今では「かーさんケット」の天ぷらが話題になっているらしい。岩手県発祥のアイデアで、過去にテレビで取りあげられてブームになったのだとか。素材の味に徹した商品だからこそ可能なアレンジなのだろう。

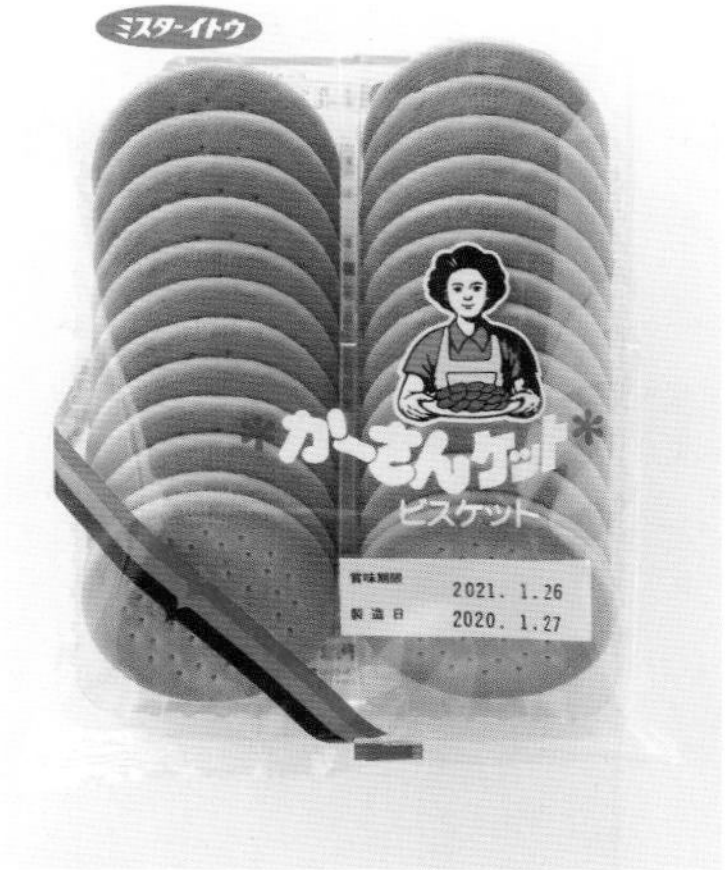

ビスケットが持つ「家庭的」「くつろぎ」といったイメージから、特徴的な商品名やパッケージデザインが考案された。小麦を時間をかけてじっくりとていねいに練り込むことで、あの自然な風味が最大限に引き出され、サクサクの食感が生まれる

●かーさんケット

発売年：1970年　価格：150円

問合せ：イトウ製菓株式会社／0120-010553

小枝

幼少期に見たお菓子のテレビＣＭのなかで、映画のような美しさが強く印象に残っているのが「小枝」。いかにも七〇年代風ファッションの「お姉さん」（栗田ひろみ。大島渚の『夏の妹』のヒロイン！）が登場する大人っぽいＣＭで、ナレーションは「小森のオバちゃま」こと小森和子さんだったと思う。ＣＭの最後、「高原の小枝を大切に」とソフトに語りかけるフレーズが妙に心に残った。どことなく陰があるというか、けだるさが漂っているというか、ちょっと不思議な詩情を持つＣＭだった。

六〇年代後半、森永は「エールチョコレート」のＣＭで、「大きいことはいいことだ！」という流行語を生む。当時の日本の「邁進・突進」気分を盛りたてた象徴的なＣＭだったが、七〇年代は「邁進《まいしん》・突進」のツケとしての公害問題が深刻化する。この「高度成長の影」に着目して製作されたのが「小枝」のＣＭなのだそうだ。今は「環境保護」ＣＭが氾濫しているが、たいていは「説教」か「弁解」か「自慢」で、「小枝」のＣＭにあった詩的な説得力がないなぁ……と思う。

かつてはベージュ色のシックな箱だった。写真のオリジナル「ミルク」のほかに、現在は「チョコミント」「塩キャラメル」「チョコ増し」や小型の「ベビーこえだ」など、さまざまなバリエーションが販売されている。70年代は栗田ひろみのほか、CMソングも担当したリリーズ、ゴダイゴのタケカワユキヒデなどが商品キャラクターを務めた

●小枝（ミルク）

発売年：1971年　価格：180円

問合せ：森永製菓株式会社／0120-560-162

チェルシー

商品名も、黒い箱も、ちょっとサイケデリックな花柄の包み紙も、今も充分にスタイリッシュ、というより、現在はこれほどトータルにコーディネイトされたお菓子は存在しないと思う。商品まわりだけでなく、広告やテレビＣＭ、そして今聞いても古臭さを感じないソフトロック系のＣＭソングにいたるまで、ガッチリと「世界観」が確立されている。特に七〇年代のＣＭは本当に短編映画のようで、筆者は幼児だったが、それでも「♪わたしにはわか～る～」が聞こえてくると画面に見入っていた。今もヨーロッパ映画などで「印象派の画家が描くような風景」と「プラチナブロンドの少女」という取り合わせを目にすると「あ、チェルシー的だ」なんて思ってしまう。

そもそも「チェルシー」は、スコットランドに古くから伝わるスコッチキャンディーを国内生産する、という斬新な企画から誕生した。「今までにない」を理解してもらうため、ネーミングの段階から綿密なイメージ戦略が練られた。検討された商品名の案は約三〇〇〇。最後まで残った候補は「キングスロード」だったそうだ。

スコットランドの伝統製法による本格的スコッチキャンディー(バターキャンディー)。濃厚なバターの風味となめらかさが特徴だ。ちなみに、「チェルシーの唄」は作曲・小林亜星、作詞・安井かずみ。CMの初代「チェルシー少女」はスザンヌ・ナイベルちゃん(当時9歳)

●チェルシー(左:ヨーグルトスカッチ、右:バタースカッチ)
発売年:1971年　価格:各120円
問合せ:株式会社明治/0120-041-082

ネスレ ミロ

筆者にとって、「ミロ」はなかなか買ってもらえない憧れの飲みものだった。七〇年代にも健康飲料ブームじみたものはあって、主役は乳酸菌飲料。当時はまだ牛乳の宅配システムが残っていたため、多くの家庭がご近所の「牛乳屋さん」経由でこうした乳酸菌飲料を毎朝届けてもらっていた。我が家では「パイゲンＣ」「ヤクルト」「ジョア」などをとっていたため、「ミロ」を買ってくれと母親にねだっても「そういうのは家にあるでしょ」と言われてしまう。「麦芽飲料と乳酸菌飲料はぜんぜん違うんだよ」なんて返答ができるほどコマッシャクレてはいなかったのである。

「ミロ」は一九三四年、オーストラリアで誕生。あのロゴもオーストラリア大陸をモチーフにしている。二六〇〇年ほど前、古代オリンピックのレスリング種目で連勝した運動選手「ミロン」の名を商品名に冠し、「強い子に育ってほしい」という願いを込めた。日本で全国発売となったのは一九七二年。「♪強い子の〜ミロ〜」という元気いっぱいのＣＭがテレビで盛んに流され、僕ら世代におなじみの商品となった。

我々世代にとって「ミロ」といえばボトル入りのイメージだが、現行品の「ネスレ ミロ オリジナル」はパウチタイプのみで販売されている。数年前まではカルシウム強化版のチョコ味「ミロ」が昔ながらのボトルで売られていたのだが、残念ながら現在は終売

●ネスレ ミロ オリジナル

発売年：1972年　価格：240g380円（特定保険用食品）

問合せ：ネスレ日本株式会社／0120-00-5916

ルーベラ

ラングドシャクッキーをシガレット型にクルッと巻いたシンプルな焼き菓子。ヨックモックの「シガール」など、デパ地下で売られる贈答品としても昔から定番だが、スーパーなどで手頃な価格で販売されるブルボンの「ルーベラ」も、そうした高級ブランドの商品に匹敵する本格的なクオリティーだ。クッキー生地そのものを味わうシンプルなお菓子なので、味の決め手になるのはフレッシュバターの含有量。パッケージに書かれているとおり、「ルーベラ」は「バター12%」！ 濃厚で深い風味が楽しめる。ひさしぶりに食べると「あれ？ こんなにおいしかった？」と思ってしまうのである。

小学生時代、『ルーベラ』をストローにして牛乳を飲むとうまい！」と主張する友人がいた。僕はやったことがないし、あんな太いものがストロー代わりになるのかなぁ？と思っていたのだが、SNSなどを見てみると、子ども時代に「ルーベラ」でこれを楽しんだ人はけっこう多いらしい。バター風味の甘いミルクを堪能できるのだそうだ。いい歳《とし》した大人がやることではないが、こっそり試してみたくなる。

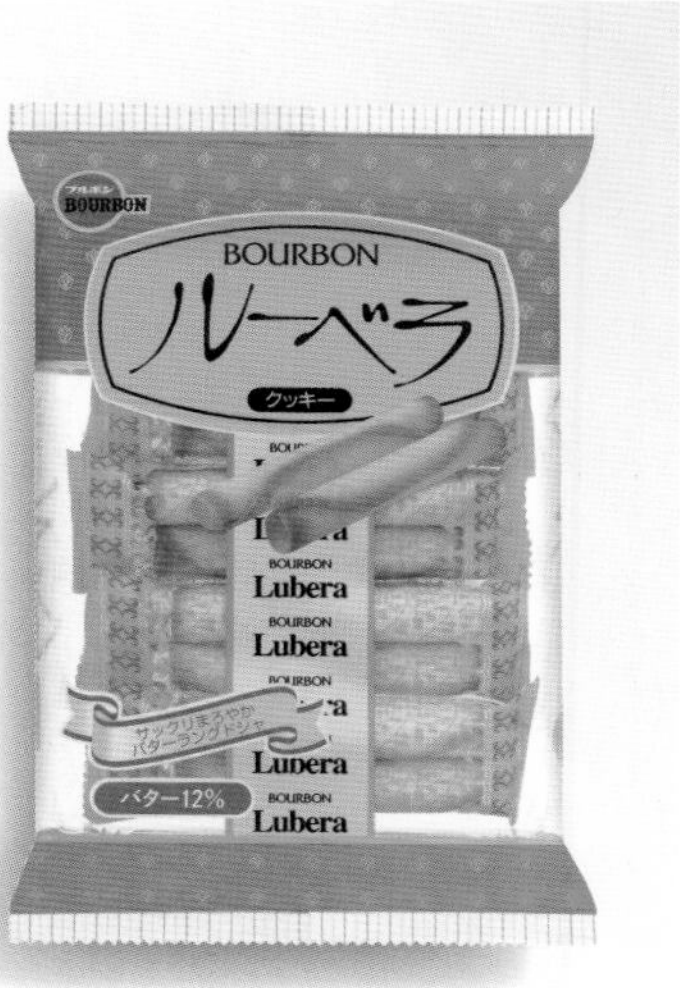

ブルボンのロングセラー商品のなかではもっとも地味な存在かもしれないが、昔からの根強いファンが多いアイテムだ。ほどよい甘さ、軽い歯ざわり、まろやかなバターの風味で、とにかく飽きのこないお菓子。「バタークッキー」や「チョコチップクッキー」など、ブルボンのシンプルなクッキーはどれも秀逸である

●ルーベラ

発売年：1972年　価格：150円

問合せ：株式会社ブルボン／0120-28-5605

グリーン豆

某局開局以来、ＦＭラジオから音楽番組らしい音楽番組が消え、広告タイアップの「おのぼりさん情報」と「ラジオショッピングコーナー」のたれ流しになってしまったので、中高年限定メディアとされるＡＭを聞くようになった。で、本当に驚愕《きょうがく》させられることが多い。ものごころついたころに親のラジオで聞きかじった番組テーマ音楽やＣＭが、今も普通に流れたりするのだ。「♪イトーに行くならハ・ト・ヤ」などを聞くと、「うわっ、幻聴か？」なんて思ってしまう。そういうラジオＣＭのひとつが、春日井の「グリーン豆」。男性のナレーターが早口で「春日井の『グリーン豆』！」と叫ぶだけのＣＭだが、これ、たぶん筆者が小一のころから流れていた。

グリーンピースを使った豆菓子は他社からも無数に出ているが、スナックのようなサクサクとした軽い歯ごたえは「グリーン豆」ならでは。若い世代にもファンの多い商品だが、発売当初はまったく売れなかったそうだ。営業マンたちが販売店を一軒一軒まわって認知させていくうち、地元名古屋で人気に火がついて全国に広がった。

春日井が持っている多数の超ロングセラー商品のなかでは、実はけっこう新しめの商品なのである。子どもにも好まれるソフトな食感と、ちゃんと豆の味が感じられるほどよい塩味が特徴

●グリーン豆

発売年：1973年　価格：168円
問合せ：春日井製菓株式会社／052-531-3700

ドクターペッパー

初めて口にしたときの衝撃で、我々世代にはもはや伝説とされている商品である。日本上陸は一九七三年。発売当初、確かガンマンが登場する西部劇風のＣＭが子ども番組の間に放映されていた。筆者は友達の「よっちゃん」と公園前のタバコ屋さんで初めて購入、ひと口飲んで、ふたりで同時に「ぐッ！」とうめいて顔を見合わせた。今まで体験したことのない不思議な味と香りに愕然《がくぜん》としたのである。強いて言えば、幼児用のかぜ薬のシロップに近い、と思った。チェリーに似た複雑な味わいは今でこそおいしく感じられるが、子ども時代はまったく理解できなかったのだ。

誕生は一八八五年。アメリカでもっとも古くから親しまれている炭酸飲料だ。考案したのは、テキサス州のドラッグストア経営者だったウェード・モリソン氏と、助手のチャールズ・アルダートン氏。世界各国に熱狂的ファンを生んだ唯一無二の風味は、二〇種以上のフルーツフレーバーをブレンドしたものとされている。商品名は、モリソン氏の義父、医師だったチャールズ・ペッパー博士にちなんで命名された。

大人になってからは、ときおり無性に飲みたくなる。発売時の「ドクターペッパー」は「ミスターピブ」という商品名だった、と主張する人が多いが、「ミスターピブ」は同時期に日本コカ・コーラが発売した別商品。が、記憶では確かにほぼ同じ味だった

●ドクターペッパー

発売年：1973年　価格：350ml缶130円前後

問合せ：日本コカ・コーラ株式会社／0120-308509

ピーナッツチョコブロック

株式会社でん六といえば、ご存じ「でん六豆」のイメージがあまりに強力で、ほかの製品を思い浮かべにくいだろう。が、おなじみの「でんちゃん」がプリントされた「ピーナッツチョコブロック」のパッケージを見れば、「ああ、そういえばあれもでん六製だったな」と思い出すのではないだろうか。七〇年代初頭、菓子業界ではピーナッツ入りのチョコボールの大ヒットが話題になっており、これをヒントにでん六もチョコ業界へ初参入。豆菓子のトップメーカーの強みを生かし、自社で炒《い》ったピーナッツを使用した。自社加工のピーナッツを使ったチョコは業界初だったそうだ。チョコも原料から自社で製造、ピーナッツと相性のいい味わいに調整してある。

でん六で思い出すのが、節分の時期になると商品とともに店頭に並ぶ鬼のお面。一九七一年にスタートした企画だが、翌年からの鬼のデザインはかの赤塚不二夫先生が手がけた。先生亡き後もフジオ・プロがこれまでどおり制作を継続。バリエーションに富んだ赤塚タッチの愉快な鬼が現在も毎年登場し、現在全四八種に達している。

この武骨な形が食欲をそそる。当初、大手の同種の製品は箱入りが多かったが、でん六は透明の窓がついた袋を使用。中身が見えるようにして売ったことも、ヒットの要因だったそうだ

●ピーナッツチョコブロック

発売年：1974年　価格：140円前後

問合せ：株式会社でん六／0120-397-150

ルマンド

この「ルマンド」を見ただけで、母親の「ほら、ボロボロこぼしてる！」という声が聞こえてきそうな気がする。そう、とにかくこの繊細なクレープ生地でつくられた「ルマンド」は、子どもにとっては「こぼれるお菓子」なのだ。「絵本を見ながら食べる」はもってのほか（ページを閉じるたびにザラザラと音がする本になってしまう）。「カーペットの上で寝っ転がって食べる」なんてのも厳禁。もっぱら親と一緒の「お茶の時間」にちゃんとテーブルについて食べたが、それでも油断しているとボロボロと足元にこぼしてしまう。「ほらほら、アゴをもっとお皿のほうに出して」などと、一挙手一投足に親からの細かいダメ出しをくらって食す特別なお茶菓子だったのだ。

我が家に常備されていたのは、これが当時の大ヒット商品だったからだろう。クレープ生地を何層にも重ねるという構造は、新開発の技術と設備によって可能になったもの。その独特の食感で急速にファンを増やしたのである。人気の絶頂期には、問屋さんがトラックを仕立てて直接工場を訪れて行列をつくったほどだったという。

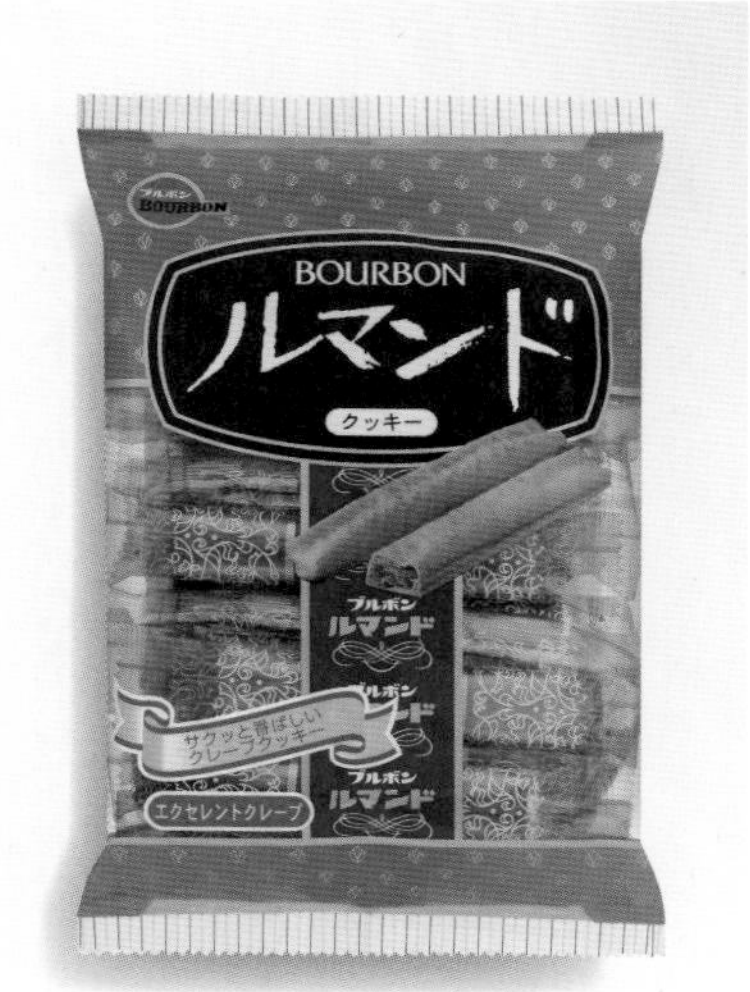

●ルマンド

発売年：1974年　価格：150円

問合せ：株式会社ブルボン／0120-28-5605

価格は当初からずっと150円。これもヒットの大きな要因だ。現在の若い世代にも熱烈に支持されており、ファンというよりマニアのような人々がネット上でオリジナルの食べ方などを紹介している

サッポロポテト　バーベQあじ

小学生時代の筆者がもっとも頻繁に食べたお菓子は、間違いなくこの「サッポロポテト バーベQあじ」だ。常に一緒だった近所の友達「よっちゃん」宅の居間のタンスの上には籐《とう》製の巨大な果物カゴがあって、そのなかに常に「バーベQあじ」の袋が山盛りになっていた。遊びに行くとあいさつがわりに「はい」と一袋差し出され、しばらくすると、また「はい」と「おかわり」をくれる。それが毎日のように繰り返された。袋が減ると、次に行ったときにはちゃんと補充されているのだ。当時は不思議だとも思わなかったが、今になって考えると、あの無尽蔵の「バーベQあじ」はかなり変だ。「よっちゃん」のお父さんはカルビーの社員だったのだろうか?

カルビーによれば、濃厚な「お肉っぽい」味わいが斬新だった「バーベQあじ」は、「アメリカの西部開拓時代」の素朴な味をイメージして発想されたのだそうだ。兄貴分の「サッポロポテト」とはまったく違った網状の形は、軽快な食感を出すために考案されたもの。熱を均等にいきわたらせるための工夫なのだそうだ。

●サッポロポテト　バーベQあじ

発売年：1974年　価格：オープン価格
問合せ：カルビー株式会社／0120-55-8570

こちらは兄貴分の「サッポロポテト」（1972年。オープン価格）。1981年に緑黄色野菜が加えられ、97年に野菜の粒を練り込んだ「サッポロポテト つぶつぶベジタブル」にリニューアルされた

マックスコーヒー

長らく「千葉・茨城のコーヒー」として独特の存在感を誇った缶コーヒーである。二〇〇九年から全国展開され、今では東京でもあちこちで売られるようになった。

大学時代、千葉の友人宅へ遊びにいって、多くの自販機にこの見慣れない黄色い缶が入っていたので驚いた。初めて見るはずなのに、なぜか妙に懐かしい。東京ではまったく見かけない商品だったが、ずっと昔にどこかで見た記憶が確かにあるのだ。それで思い出した。小学生時代、毎年夏休みに行った町内会の海水浴だ。千葉方面の海へ行くと、途中のドライブインや海岸近くの自販機で売られていた。ミルクたっぷりで甘みが強く、ほとんどコーヒー牛乳に近い味わいは小学生の子どもにも飲みやすかった。その反面、昔から大人は好き嫌いが激しく分かれる。現在のネットの評判を見ても、やはり「いくらなんでも激甘すぎる！」といった評判が多い。が、久しぶりに飲んでみると、これがけっこうおいしいのだ。記憶ではもっともっと甘かった気がするのだが、ビン入りのコーヒー牛乳を思い出させる懐かしい味である。

濃厚な甘さと練乳のクリーミーな飲み口が特徴。かつては千葉、茨木、栃木などでの限定販売だったが、現在は全国に展開。「ジョージア」ブランドのひとつとして販売されている。甘さを敬遠する人がいる一方で、「缶コーヒーならこれ！」という根強い支持者も多い

●マックスコーヒー

発売年：1975年　価格：250ml缶130円前後

問合せ：日本コカ・コーラ株式会社／0120-308509

コメッコ

桜田淳子が満面の笑みを浮かべ、「♪パリッ、シャリッ」と歌いながら「お米のスナック！」を強調する「コメッコ」のＣＭを初めて見たとき、かなりの違和感を覚えた。今から考えるとおせんべいだって米菓なのだが、「お米からつくったスナック」という発想は当時としては斬新すぎて、味の想像がまったくつかなかったのだ。さっそく親にねだって買ってもらい、リアルなホタテ風味と焼きおにぎりのような香ばしさに感心。その後しばらく、母親はお使いに行くと必ず「コメッコ」を買ってくるようになった。スナック菓子にはあまりいい顔をしない親だったが、「コメッコ」だけは別格扱いしていたらしい。たぶん「お米」という部分に安心感があったのだろう。

七〇年代、米菓市場は巨大だったが、購買層の中心は主婦だった。ここに「ヤング」や子どもにもアピールする商品を送り込もう、というのが「コメッコ」の開発目標だったそうだ。我が家の場合、「ヤング」や子どもしか買わないスナックを主婦が買うようになる、というグリコのもくろみとはまた別の現象が起きていたわけだ。

1973年に広島でテストセールスが行われたが、全国発売直前にオイルショックが起こる。工場建設が遅れるなど、多大な影響を受けたそうだ。が、2年後にようやく発売された「コメッコ」は好評を博し、当時は中学生がお弁当代わりに学校へ持っていく、なんて現象も起きたのだとか

●コメッコ

発売年：1975年　価格：オープン価格

問合せ：江崎グリコ株式会社／0120-917-111

不二家レモンスカッシュ

不二家というと、どうしても「ペコちゃん」の顔がパッと思い浮かんでしまい、小さな子が喜ぶかわいいお菓子の印象が強い。が、一方では異例なほどクールなデザインのハイティーン女子向け商品も多く、たとえば「メロディチョコレート」のパッケージなどは今見てもかなりカッコイイ。「オー・レ」という板チョコは純白のパッケージでお姉さん世代を魅了したし、「ピピ」「ビビ」なんていうファンシーなチョコもあった。この種の「大人っぽい不二家」を象徴しているのが、現行品ではご存じ「ルックチョコレート」と、この黒地に白い水玉の「レモンスカッシュ」だと思う。

昔の缶はさらにシンプルで、ある意味では愛想のないデザインだった。それがむしろ斬新で、カラフルな他商品のなかでひときわカッコよく見えたものだ。発売当初、飲料や食品に黒と白の意匠は「禁じ手」とされていて、業界では「葬式飲料」などと揶揄《やゆ》されていたのだとか。しかし、このシャープなデザインのカッコよさは、当時の「ヤング」ばかりでなく、年端のいかない子どもにもちゃんと伝わっていたのである。

コンセプトは「レストランで飲むような本格的レモンスカッシュ」。缶入りは果汁と果肉が入ったスクイーズドタイプの本格派。当初は論議を呼んだ黒い缶のデザインも発売時のイメージを維持している。発売45周年となる2020年にリニューアルされたペットボトル入りの方は、レモンの実をすりつぶしたピューレを加えて果実味がさらにアップされた

●不二家レモンスカッシュ

発売年：1975年　参考小売価格：350ml130円、500mlPET151円

問合せ：株式会社不二家／0120-047228

チートス

今ではコンビニやスーパーで気軽に買える「チートス」だが、発売当初はちょっと事情が違っていた。日本でのライセンス販売以前からファンだった僕にとって、いまだに「チートス」は「アメリカのお菓子」である。子ども時代、これを手に入れるためには、家から二〇分も歩いて広尾にある有栖川公園まで行かなければならなかった。周囲は大使館が集中しているので、公園前にはアメリカのスーパーマーケットをそのまま持ってきたようなナショナルマーケットがある。そこにたくさんの輸入お菓子にまじって、「チートス」の赤い袋が並んでいた。パッケージデザインも濃厚でリアルなチーズ味も、いかにも「アメリカン」。外国人の子どもばかりが遊ぶ公園のベンチで食べていると、ちょっとしたバーチャル海外旅行気分が味わえた。

「チートス」は一九四八年、アメリカで誕生。一九七五年に日本での販売が開始され、現在は四〇カ国以上で親しまれている。かつては特にキャラクターなどはいなかったが、一九八六年からは「チェスターチーター」が目印になっている。

現在ではさまざまなフレーバーが販売されるようになったが、現行品のラインナップは基本の「チーズ味」のほか、「BBQ味」「旨辛チキン味」の３種。これにさらに期間限定バージョンが定期的に追加される。一時期はカルビーの「チーズビット」や「スパイダーマン」とコラボしたバージョンも売られていた

●チートス

発売年：1975年　価格：販売店によって異なる

問合せ：ジャパンフリトレー株式会社／012-95-3306

フルーチェ

幼少期に親しんだハウスの手づくりデザートとしては、「プリンミクス」や「シャービック」「ゼリエース」などが印象的で、「フルーチェ」には「懐かしの」というイメージは皆無である。古さをまったく感じさせない商品なのだが、しかし、思い起こしてみれば初めての「フルーチェ」体験は小学校の低学年のとき。牛乳といっしょにボウルに入れた液体をシャカシャカ混ぜているうちに、ある瞬間を境に急に液体の粘度が増し、泡立て器がグッと重くなる。で、あっという間にトロリとしたデザートが完成するのを見て、母親とふたりで「おぉ～」と驚嘆したことを覚えている。

開発時、社内で最後まで「心配のタネ」とされたのが「このドロッとした食感が受け入れられるか？」だったそうだ。が、心配は杞憂《きゆう》に終わり、発売してみれば売り上げは予想の三倍。逆に原料手配に四苦八苦したのだそうだ。冒頭で「懐かしさはない」と書いたが、取材中、初期のＣＭの資料を見て「発売からもうすぐ半世紀なのかぁ」とあらためて実感した。起用されたタレントは、あのアグネス・ラムである。

フレーバーは、ほかにメロン、完熟パイン、ミックスピーチ、濃厚マンゴー、濃厚ブルーベリーブドウ、乳酸菌入りイチゴなど。歴代CMガールには岡田奈々や武田久美子などもいるが、個人的には早見優、石川秀美、西田ひかるなど、80年代なかば以降のCMが印象的

●フルーチェ（イチゴ）

発売年：1976年　価格：194円

問合せ：ハウス食品株式会社／0120-50-1231

ハッピーターン

昔から愛好者は多いが、近年になってますますファンを増やしている不思議なおせんべいである。二〇〇〇年初頭あたりから、「ハッピーパウダー」（調味料の粉。ファンたちは「ハピ粉」と呼ぶ）の「中毒患者」を自称する熱烈なマニアたちのコメントがネット上に急増。増量用の粉が別添えになったタイプが発売されたり、現在も「ハッピーパウダー」一・五倍の「濃いめ」バージョンが販売されたりしている。

七〇年代なかば、おせんべいといえば「網で焼く」ものであり、味つけは「しょうゆ味」が基本。もっとハイカラで洋風なものを、と企画されたのがこの商品だ。網ではなく、鉄板で焼く。しょう油ではなく、野菜のうま味を凝縮した粉末調味料で味をつける。斬新な商品だったためか、ヒットまでには三年もかかったそうだ。考えてみれば、「ハッピーターン」以前は、食べたあとに思わず指をチュパッとなめたくなってしまうようなおせんべいなど存在しなかった。商品名は「幸せが戻ってくる」の意。オイルショックの不景気に消沈していた当時の世相を反映している。

●ハッピーターン

発売年：1976年　価格：オープン価格
問合せ：亀田製菓株式会社／025-382-8880

2019年に４年ぶりのリニューアル。仕上げの調味料を「ハッピーシャワー製法」なる方式でふりかけ、「コク旨」感をアップした。が、長年親しまれた味が大きく変わらぬように変化はあくまで微細

梅ぼし純

これは70年代の小学生に共通の感覚なのか、あるいは僕の学校だけで通用していた「迷信」なのかはわからないが、当時、さまざまなタブレット菓子の多くが「クルマ酔い」に効くとされ、「遠足菓子」として大人気になっていた。最初に取りざたされたのがカバヤの「ジューC」で、その後も「明治の『レモンドライ』がもっと効く」とか、「いや、『サンキストレモン』がもっともっと効く」とか、いろいろな意見があった。とにかくスッキリ感のあるタブレット菓子はどれも「効く」とされ、それぞれの子がさまざまな商品を試していたわけだ。今思えば当時の小学生たちにとって、楽しいはずの遠足につきまとう「バス酔い問題」は、非常に切実だったのだろう。

そんな状況下、誰もが認める「最強のタブレット菓子」として登場したのが「梅ぼし純」だ。もちろん酔い止めのために開発された商品ではないので僕らの勝手な感覚でしかないが、このリアルな梅干し味のスッキリ感は衝撃だった。強烈な酸味はお菓子っぽさのない大人の味わいで、ひと粒で一気に目が覚めるような爽快感があった。

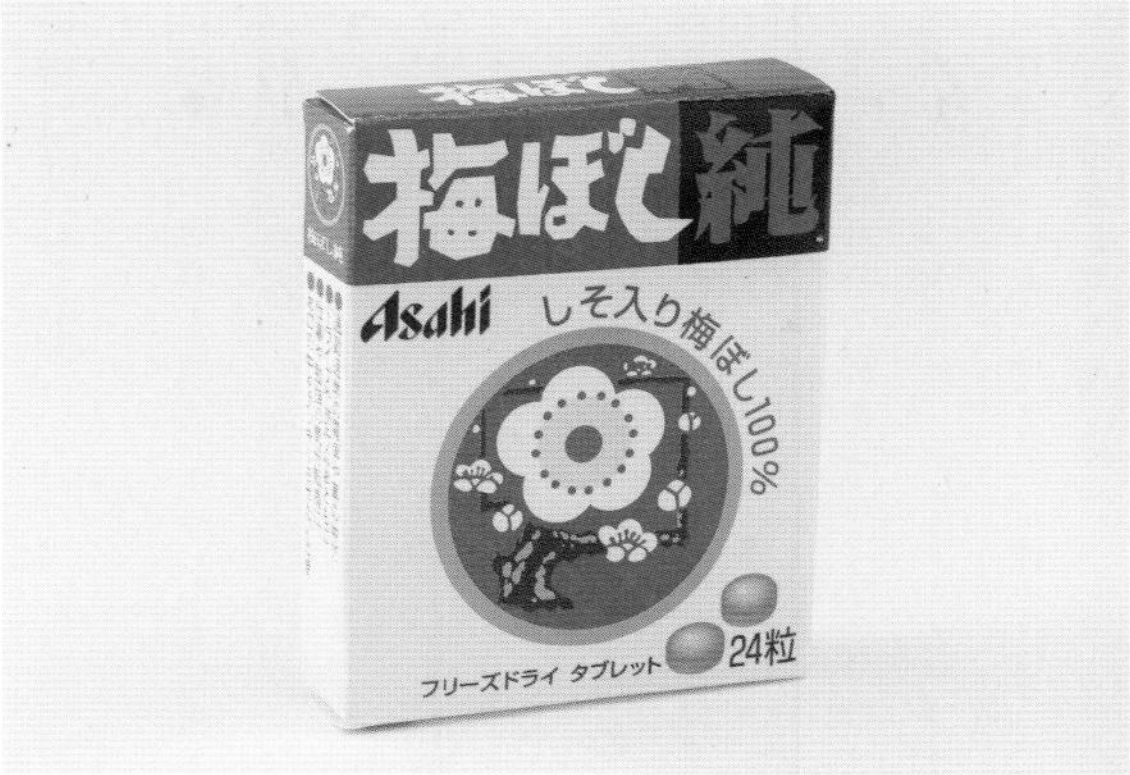

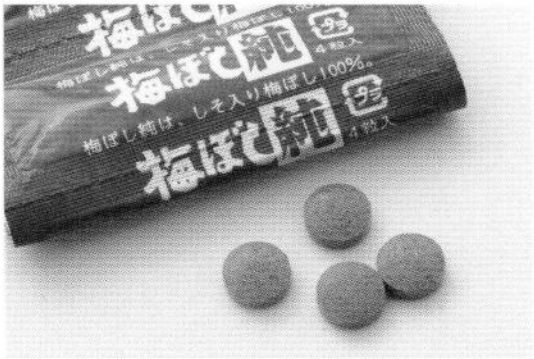

和歌山県産南高梅を使用。シソ入り梅干しから種だけを取り除き、そのままフリーズドライしたタブレットだ。香料、着色料、保存料などはいっさいなし。まさに梅干しそのものの味を楽しめる

●梅ぼし純

発売年：1976年　希望小売価格：200円（税別）

問合せ：アサヒグループ食品株式会社／0120-630611

チョコリエール

「ホワイトロリータ」「ルマンド」「ルーベラ」、そしてこの「チョコリエール」。この四商品が「ブルボン四天王」であることについては多くの人が共感してくれるだろう。このなかで「チョコリエール」は比較的目立たない存在だが、実はブルボンらしい「欧風感」がもっとも濃密に表現されているお菓子だと思う。ポイントはビスケット部分の「縁飾り」。アラベスク模様というのか、ヒラヒラの刻印がなんとも優雅で、お菓子全体がまるで「ベネチアのゴンドラ」のように見える（ちょっと大げさか？）。お菓子自体が優雅にデザインされているという特質は、看板商品の「ホワイトロリータ」や「ルマンド」でさえも持ち合わせていないものだ。

また、同社の資料を読んで初めて気づいたが、このお菓子はジャンル的にはタルトである、ということ。ダイジェスティブビスケットにミルクチョコクリームを充填《じゅうてん》する構造は、いわれてみれば確かにチョコタルトだ。発売当時、「スティックタイプのタルト」は非常に画期的で、その点でも業界からの注目を集めたのだそうだ。

●チョコリエール

発売年：1977年　価格：150円

問合せ：株式会社ブルボン／0120-28-5605

こちらは「シルベーヌ」(1982年、300円)。発売時、ついにブルボンが「本物のチョコケーキ」を商品化した！という驚きがあった。「高級洋菓子をお手軽に」を具現化したような商品だ

名糖レモンティー

六〇年代は「家庭のジュース」として定番だった各種粉末飲料。一九六九年にチクロの使用が禁止され、一世を風靡《ふうび》した人気商品が次々と消えていった。ひとまわり上の世代の方々におなじみだったのが「渡辺のジュースの素」や春日井の「シトロンソーダ」だが、この分野でのパイオニアは実は名糖なのである。一九五四年に同社から発売された「粉末オレンジジュース」こそが、我が国初の粉末飲料なのだそうだ。

我々は全盛期が終わる直前、チクロから別の甘味料に切り替えられた商品でかろうじて粉末飲料の味わいを体験している世代だが、一方、ジュースとは別に現役商品としてしっかり生き残っている粉末飲料が存在する。それがこの「名糖レモンティー」。七〇年代、食卓の上に常にこの缶が置かれていた、という思い出を持っている人も多いだろう。我が家でも購入していたが、紅茶の代用物ではなく、「名糖レモンティー」という独自の飲みものとして親しんでいたと思う。特に子ども時代、この甘酸っぱいレモネードのような味わいは、普通の紅茶よりもずっとおいしく感じた。

●名糖レモンティー

発売年：1977年　価格：オープン価格
問合せ：名糖産業株式会社／電話番号非掲載

1997年に粉末から顆粒にリニューアルされ、現行品は我々が親しんだものよりずっと本格的な味わい。もちろん紅茶、甘味料、レモンがあらかじめブレンドされている、という手軽さは昔のまま。１杯でレモン２個分のビタミンC補給ができるなど、昨今の健康志向にも対応(右はパウチ入りタイプ)

バームロール

昭和の大手製菓会社の商品には、「あ、これは森永だな」とか「明治だな」とひと目でわかる特徴のようなものがあった。なかでも、もっとも強力な特徴というか、「世界観」を持っていたのがブルボン。パッケージを一瞥《いちべつ》しただけで、すぐに「あ、間違いなくブルボンだ！」と確信できる。一八世紀ヨーロッパ風というか、マリー・ローランサンの絵のようなというか、なにやらそういう雰囲気が子どもにも伝わってくる。それに、あの「ルマンド」などの商品名に使用されるレタリング書体。まるでフランス映画の題字のようで、思わず「『ルマンド』監督／フランソワ・トリュフォー主演／アラン・ドロン、カトリーヌ・ドヌーブ」などとつづけたくなってしまう。

こうした雰囲気づくりはブルボンが一貫して持っていた「高級洋菓子の味を廉価で」という姿勢の表れだと思うが、この「バームロール」登場時は「本当にケーキ屋さんのケーキみたい！」という驚きを感じた。今でこそケーキ風の半生タイプのお菓子は多いが、当時としてはこのケーキ風しっとり感はかなりのインパクトだったのだ。

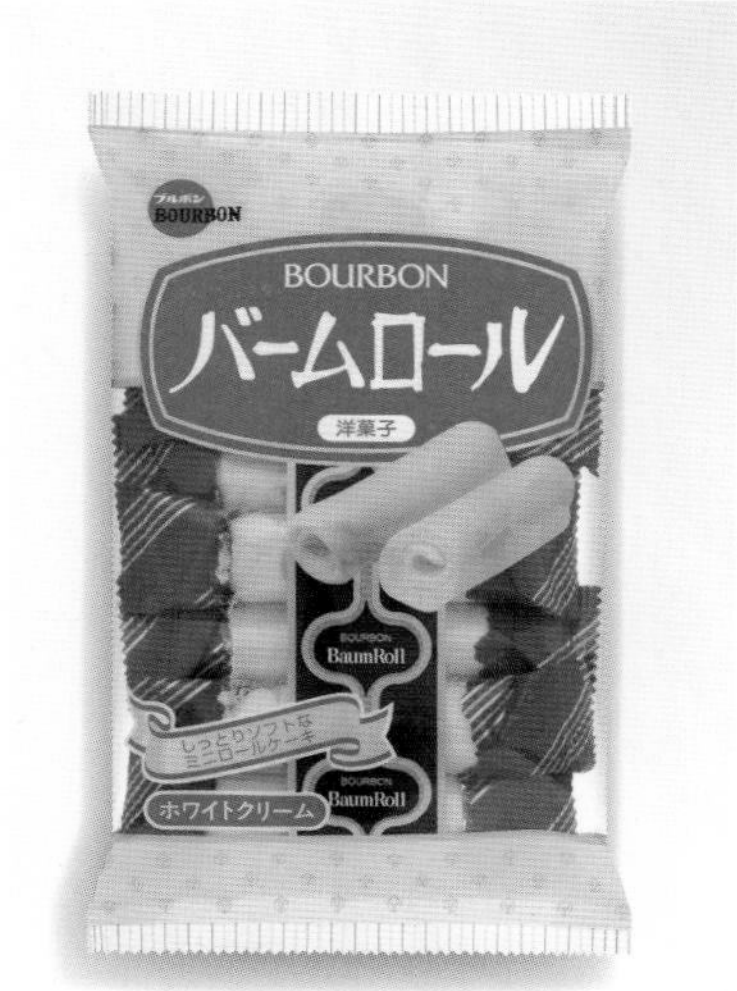

●バームロール

発売年：1978年　価格：150円

問合せ：株式会社ブルボン／0120-28-5605

しっとりソフトなロールケーキを、ミルク風味のホワイトクリームでコーティング。発売当初は現在より高い200円で売られたのだそうだ。ブルボンならではの色調のパッケージも印象的

ラムネいろいろ

八〇年代のなかばあたりまで、ラムネはキャラメルやキャンディーと並んで、子どもたちにとって今よりもずっと身近なお菓子だった。「クッピー」は駄菓子屋での買い食い、「森永ラムネ」は遠足の記憶に直結するが、春日井のラムネは「なぜかいつも家にあった」「おばあちゃんが常備していた」という印象が強い。また、町内会のお祭りやラジオ体操の最終日、ご褒美として配布される「お菓子詰め合わせ袋」のなかに入っているラムネは、いつもひねり包装の春日井製だった記憶がある。

ラムネには口溶けのよい「湿式」と、歯ごたえのよい「乾式」があるが、春日井製は「湿式」が中心。いわばオールドスタイルの伝統的なラムネだ。食べると「す〜っ」とした冷たさが感じられるのも「湿式」ならではの特徴。ブドウ糖が口のなかで溶けるときに周囲の熱を奪うため、独特の清涼感が生まれるのだそうだ。製造に手間がかかるので最近は「湿式」が減っているらしい。そもそもラムネという名称は炭酸飲料のレモネードに由来する。本来は「す〜っ」が得られてこそのラムネなのだ。

●ラムネいろいろ

発売年：1979年　価格：オープン価格

問合せ：春日井製菓株式会社／052-531-3700

その名のとおり、多種のラムネを詰め合わせた商品。老舗の春日井がラムネを手がけたのは70年代後半。「乾式」が主流となる時代、「湿式」の製造を開始しているのは「昔ながら」にこだわる春日井らしい。2020年6月にリニューアルされ、大粒ラムネのみになる予定

ヨーグレット

明治の錠菓といえば今はなき「カルミン」が有名だが、我々世代が親しんだのは六〇年代後半の「レモンドライ」、七〇年代初頭の「ミオ」。特に「ミオ」はプラスチック製のケースがスマートで、タブレットの表面にカラフルなフルーツの粒々が見えるのもオシャレだった。筆者が通っていた小学校では「車酔いに効く」というウワサが流布し、遠足の必需品となっていたのも印象的である。その後に登場した「ヨーグレット」「ハイレモン」も、「バスのなかで食べた」という記憶が多い。中学時代のバス移動では「往路のバスでお菓子は食べるな」という規則があって（なぜか復路はOK）、教師の目を盗んで食べるのはもっぱら「ヨーグレット」などの錠菓だった。

七〇年代後半は明治製菓がビフィズス菌の応用を盛んに研究していた時期。「ヨーグレット」もその流れで開発された商品だ。「医薬品的イメージの大人向け錠菓」が開発時のコンセプトで、実際、ビフィズス菌を生きたまま届けるため、クスリと同じ包装がなされている。もともと明治が持っていた薬品包装技術を応用したものだ。

●ヨーグレット

発売年：1979年　価格：118円

問合せ：株式会社明治／0120-041-082

こちらもおなじみ「ハイレモン」(1980年、118円)。「ヨーグレット」と同じく健康志向がコンセプト。「1粒にレモン1個分のビタミンC」を売り文句にし、のちのビタミンCブームをつくった

エリーゼ

幼稚園児のころだったので、おそらく七〇年代初頭のころ、森永から「ぼうチョコ」というお菓子が発売されていた。「ぼうシール」というシールや、「ジャンピオン」というプラスチック製のバッタのおまけを覚えている人も多いだろう。僕はとにかくこのお菓子自体が好きだった。ウエハースのスティックのなかに固めのチョコが入っていて、味も食感もお気に入りだったのだ。いつの間にかなくなってしまい、ほかに似ているお菓子も見当たらず、しばらくは「ぼうチョコ」ロスの日々がつづいた。

そして発売されたのが、このブルボン「エリーゼ」。その形をひと目見て、「あ、『ぼうチョコ』だ！」と思ってしまった。食べてみると、サクサクのウエハースの上から内部のチョコを噛《か》みくだく食感は、あの好きだった感じにそっくり。しかも、チョコのほかにホワイトクリーム版もあって、はるかに上品かつゴージャスなお味。しかも「ぼうチョコ」は一本三〇円だったが、「エリーゼ」はブルボンらしいエレガントな箱に三二本も入って二二〇円！　心おきなく思う存分食べられるのである。

ホワイト&チョコクリームを、サクサクのウエハースで包んだ傑作商品。一時期、フレンチロリータアイドルとして名を馳《は》せたアリゼがCMに起用されていた。かなりマニアックな人選である

●エリーゼ

発売年：1979年　価格：220円

問合せ：株式会社ブルボン／0120-28-5605

くるくるキャンディー

幼少期、何度も何度も挑戦し、そのたびにちゃんと食べ終わることができず、しまいには親が「どうせ最後まで食べないでしょ！」と二度と買ってくれなくなったのが、このスタイルのキャンディー。通称「ペロペロキャンディー」だ。その後も憧れは残り、観光地の売店（近所のスーパーより、旅行先のみやげもの屋などでよく売っていた）で見かけるたびにねだった。なめはじめたら小一時間はなめつづけなければならない。どうせ途中でギブアップしてしまうことは最初からわかっているのに、あの色とりどりの渦巻きを見ると、やはりどうしてもペロペロしたくなった。

強い憧れの理由のひとつは「マンガのなかの子どもが持ってたから」だと思う。七〇年代、「ペロペロキャンディー」はマンガの子どもキャラ必須の小道具というか、子どもを表す「記号」だった。子どもをもっとも子どもらしく見せるお菓子だったのだろう。その分、大人は手を出しづらい。オジサンがこれをペロペロしながら歩いていたら通報されると思う。大人になった今なら念願の完食が可能だと思うのだが。

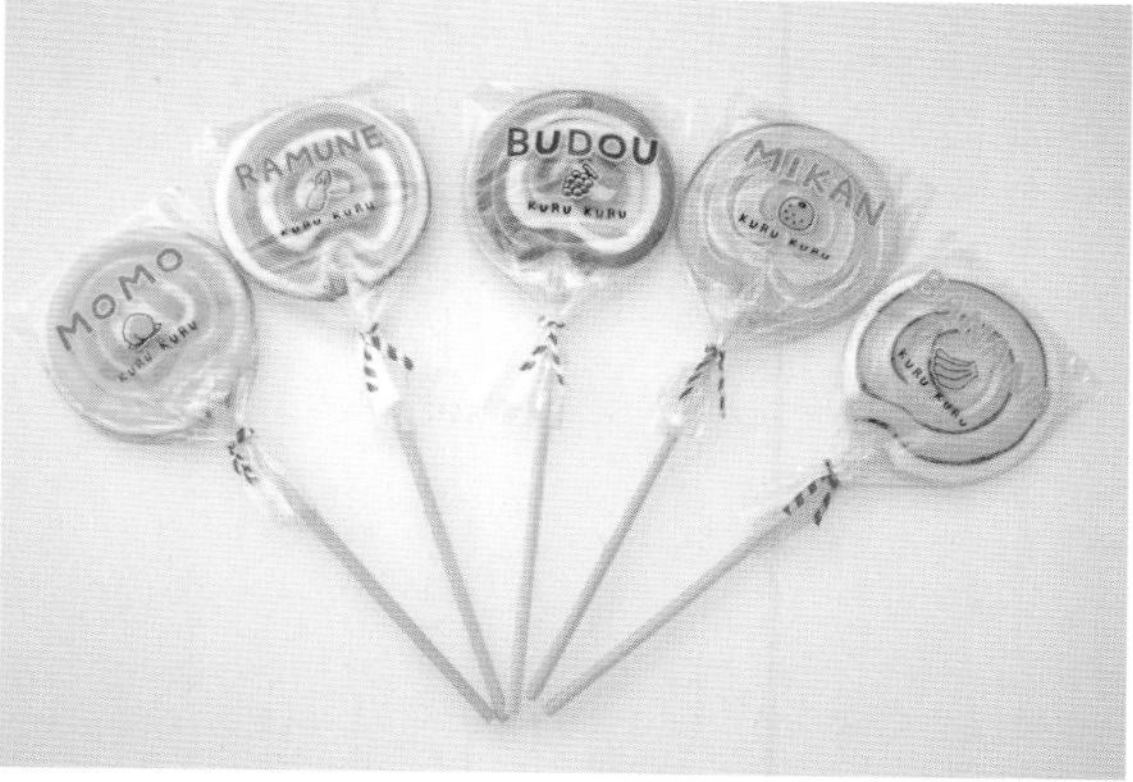

モモ、ラムネ、ブドウ、ミカン、バナナの５種のフレーバーで販売されている。パッケージロゴなどは今風だが、商品自体の形やサイズは昔のまま。「インスタ映えする！」とのことで本商品は再び注目されているらしい。女性誌のグラビア写真やテレビドラマに小道具として用いられることも多く、そういうことのあった年は大人気商品となるそうだ。http://www.daimaruhonpo.co.jp

●くるくるキャンディー

発売年：1970年代　価格：オープン価格

問合せ：有限会社大丸本舗／0568-32-0613

ナイスゼリー

タケダのウエハース菓子「麦ふぁ〜」の項でも書いたが、七〇年代初頭ころまで、ウエハースは単独のお菓子としてではなく、和菓子メーカーなどに「材料」として納品されることが多かった。餅やゼリーをサンドし、高度経済成長期特有の和洋折衷な「ニュー和菓子」(?)に加工されたり、あるいは製パンメーカーに卸されて、カステラやクリームをサンドした安価なケーキ「ウエハースサンド」などになるわけだ。

こうしたウエハース系商品は現在少なくなったが、この「ナイスゼリー」は当時のウエハース系「ニュー和菓子」の姿をそのまま現在に伝える貴重な一品である。

この種の商品は僕らの子ども時代にすでに懐かしさを漂わせていて、母や祖母などの世代に好まれていた印象がある。僕自身は当時はあまり親しまなかったが、今あらためて食べてみると予想以上においしい。ウエハースで寒天ゼリーを挟んだだけなのに、単体の寒天ゼリー菓子とはまったく違う風味と食感。この商品でしか得られない独特の味わいである。パステルカラーのウエハースのキッチュな見た目も秀逸だ。

●ナイスゼリー

発売年：1970年代　価格：オープン価格
問合せ：株式会社丸井スズキ／03-5831-6621

なんともカラフルでファンシーなルックスのお菓子である。ウエハースのメリッとした歯ごたえ、そしてゼリーのムッチリした食感の組み合わせはまさに独特。意外にあっさりしていて甘さも控えめ。なぜかヤミツキになってしまう味わいだ。http://shop.s-maruishop.com

ピーパリ

ブルボンといえばスイートな欧風洋菓子専門というイメージだが、七〇年代なかば以降からは各種スナック菓子も発売しており、その多くが現在も売られるロングセラーになっている。第一弾は一九七六年に発売された「ポテルカ」。縦長の箱という斬新なスタイルで登場したポテトチップスだ。さらに七九年には「ピッカラ」が登場。筒型容器に入った「洋風あられ」で、クルッと丸まったお菓子の形も新しかった。

筆者のお気に入りは、「ピッカラ」の姉妹品のような位置づけの「ピーパリ」。周囲には「ピッカラ」「ピーパリ」がゴッチャになっている人が多い。直後に「カリッコロ」などという商品も出てくるので、確かに混乱しやすい。初期「ピーパリ」を覚えている人には特徴的な「六角形の箱」の印象が強いと思うが、発売時は四角い箱だったそうだ（これは筆者も覚えていない）。翌年、パッケージを六角にしたこともあって、大ヒットを記録。「ピッカラ」「カリッコロ」、さらに「つぶつぶチップ」とともに、ライススナックという新たなジャンルをお菓子市場に形成した。

●ピーパリ ピーナッツバター風味

発売年：1980年　価格：130円
問合せ：株式会社ブルボン／0120-28-5605

こちらは1979年発売の「ピッカラ 甘口うましお味」(130円)。「ピーパリ」はピーナッツ風味のライススナックだが、前年に発売された「ピッカラ」はしょう油の風味を生かした「洋風あられ」。どちらの商品にも衣がけしたカシューナッツが入っており、味のアクセントになっている

さけるチーズ

発売時は「雪印ストリングチーズ」という商品名で、キャッチコピーが現在の商品名である「さけるチーズ」だったと思う。CMでは女性の手が不自然なほど優雅に指先を動かしながら、スルスルとチーズをさく映像が流れていた。「チーズがさけるってどういうことだ?」と不思議に思い、さっそく母親にねだって買ってもらった。巨大な貝柱みたいな繊維質のチーズで、CMみたいにやってみると確かにスルッとさける。「さくことになんの意味があるのか?」とは思ったが、この行為自体が意味もなくおもしろかった。しかも、ほかのチーズにはない独特の弾力と味わいがあって、おいしいのである。ひたすら「さく→食べる」を繰り返したくなる不思議な商品だ。

開発したのは山梨県北杜市小淵沢町にある雪印のチーズ研究所。モッツァレラチーズを製造する過程で、さきイカのようにさけるチーズができた。「これはおもしろい」と商品に応用することを思いついたのが開発のきっかけ。地域限定の「手づくりチーズ」として発売したが、予想以上の大好評。新商品として一気に全国展開となった。

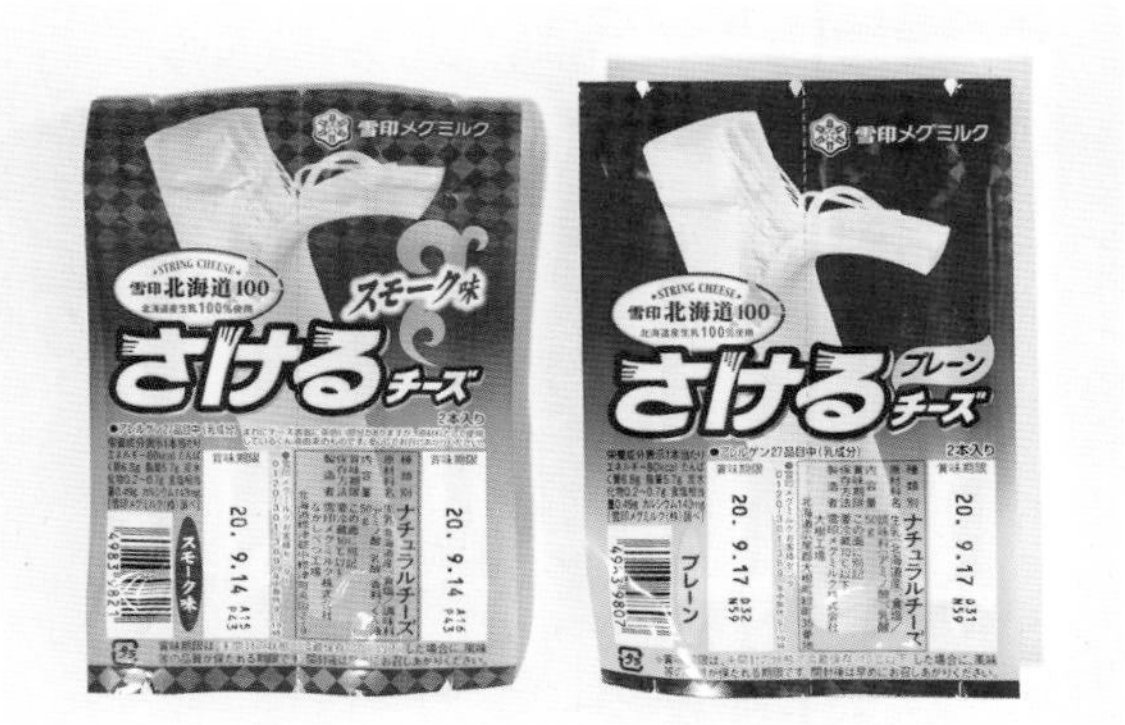

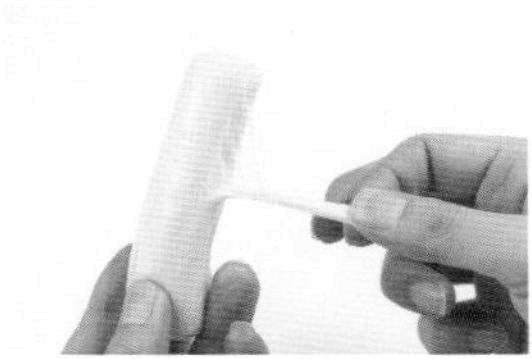

現行品は初期のものよりさけるときの「繊維性」を高めてあるのだそうだ。こんな感じで、糸を引いてさけてゆく。プレーン、スモーク味の２種。ほかにコンビニ売りの１本入りもある（105円）

●雪印北海道100 さけるチーズ

発売年：1981年　価格：各２本入り220円

問合せ：雪印メグミルク株式会社／0120-301-369

マウンテンデュー

八〇年代初頭は、ジュースが一気に多様化した時代だった。以前はオレンジ、グレープなどの「既知の味」を各社が製造し、メーカー側は「こういう味ですよ」ということを商品名や缶・ボトルのデザインによってあらかじめ消費者に伝える。飲むほうもそれを十分に理解して購入し、「うん、やっぱりこういう味だな」と納得する。それがあたりまえだった。この「あたりまえ」をブチ壊したのが、一九五八年に米国で誕生、八一年に日本に上陸した「マウンテンデュー」だ。不思議な商品名、ちょっとサイケデリックなロゴ（当時）、液体自体の鮮やか黄緑色。なに味なのかが飲むまでわからない、どころか、飲んでみてもよくわからない。その不可解さが話題になってブレイクし、以後、無数の「正体不明ドリンク」が追随することとなったのである。

登場時は「新柑橘系飲料」と銘打たれ、キャッチコピーは「最初で最後のきわどい味」。九〇年代からストリート系飲料として若者の間で認知度を上げ、再び注目を浴びた。缶もシャープかつクールにリデザインされて、新たなファンを獲得している。

米国のトライシティビバレッジの工場長が原型を完成したといわれている。1964年、ペプシコ社が販売権を獲得、米国全土に普及した。上陸時の日本では多くの飲料にずんぐりしたガラスのボトルが用いられていて、筆者世代がよく飲んだのも「ずんぐりボトル」の「マウンテンデュー」だった

●マウンテンデュー

発売年：1981年　価格：350ml缶130円前後

問合せ：サントリーホールディングス株式会社／0120-139-320

ミスターイトウ ベーシックシリーズ

イトウ製菓は一九五七年、ワイヤーカッターという最新鋭の機械を導入し、日本で初めてクッキーの量産化に成功した老舗のクッキー・ビスケット専業メーカー。「ミスターイトウ」のブランド名で有名だ。同社の商品では、ラングドシャにチョコやバニラクリームをサンドした「ラングリー」シリーズ（七九年）などのほうがより古いのだが、「ミスターイトウ」ブランドと聞いて多くの人が思い出すのは、おそらくこの「バタークッキー」「チョコチップ」「バターサブレ」の御三家だろう。

個人的によく食べたのは黄色い箱の「バターサブレ」。で、当時から気になっていたのが、サブレに刻印されている不思議な絵と文字である。「女の子が自動車に乗っているのかな？」と思っていたが、実はこれ、籐《とう》の椅子に座る母子像らしい。詳細は不明だが、三〜五世紀の古代イラン、ササン朝で印章などに用いられたデザインのひとつで、「饗宴図」と呼ばれる絵柄なのだそうだ。単なるデザインではなく、ご利益や加護といった神の力を所有者に招く「護符」の意味を帯びたものだといわれている。

外観は変えずに定番感を強調、一方で材料、味の見直しは定期的に実施している。開発テーマは「お客様に永く愛され続けるおいしい商品」。ブランド名の「ミスターイトウ」は、創業者・伊藤明氏が海外で技術を学んでいたころの呼び名に由来

●ミスターイトウ ベーシックシリーズ
（手前から「バターサブレ」「チョコチップ」「バタークッキー」）

発売年：1981年　価格：各220円

問合せ：イトウ製菓株式会社／0120-010553

白い風船

日本の伝統的な米菓、特にいわゆる「おせんべい」というジャンルは、目新しい新商品を考案するのが非常に難しいと思う。味は基本的にしょう油か塩。甘くするにしてもザラメをトッピングするくらいで、やはり新発想導入の余地は非常にせまい。あまり突飛なことをやってしまうと単なる「珍品」になり、商品寿命は短命に終わる。が、亀田製菓はそんな難しい分野において画期的な新商品をいくつも世に出し、しかも多くがロングセラーになっている。看板商品の「ソフトサラダ」も「ハッピーターン」も発売当初は衝撃的な新しさで注目されたが、新機軸を打ち出しながら、それでもちゃんと「おせんべい」として成立させているのが長寿のポイントだろう。

同社が八〇年代に発売した画期的商品が、この「白い風船」だ。真っ白なおせんべいでミルククリームをサンド。商品名も「おせんべい」らしからぬメルヘンチックな響き。八〇年代のファンシーな時代感にマッチしてヒットしたが、変化球に見えてやはりちゃんと「おせんべい」なのだ。四〇年後の現在も唯一無二の存在感である。

●白い風船

発売年：1982年　価格：ノンプリントプライス（220円前後）
問合せ：亀田製菓株式会社／0120-24-8880

植物性乳酸菌やカルシウムをたっぷりと配合した「お子さま向けおせんべい」として開発。味のモチーフは子どもが好むソフトクリーム。同社が業界に先駆けて導入したサンド式製造設備によって実現した。白くて丸い形が風船に似ていることからファンシーな商品名がつけられた

スイートキッス

「マウンテンデュー」の項でも書いたとおり、八〇年代初頭は次から次へと「正体不明ドリンク」が登場した。なかでも印象的だったのは、現在もときおり復刻される「メローイエロー」（一九八三年）、不気味なＣＭが話題になった「サスケ」（八四年）あたりだろう。が、やはり時代の徒花《あだばな》だったのか、多くが短期間で姿を消した。

そうした「正体不明ドリンク」のなかで、数少ない現役商品がチェリオの「スィートキッス」である。国産「正体不明ドリンク」としては先駆け的な商品であり、登場時の「謎度」も非常に高かった。目印のキスマークの唐突感、「あぁ、未知の味」というキャッチコピー、そしてなんといっても、「変態文学少女系ロリータパンクの歌姫」としてブレイクする直前、つまりゲルニカのボーカルとしてデビューしたばかりの戸川純を起用した不可思議なＣＭにより、多くの少年少女が好奇心を刺激されまくったのである。多種多様な柑橘《かんきつ》系フルーツの独自ブレンドが「未知の味」の正体。その名のとおり、「初めてのキスの味」をイメージしたものなのだとか。

オレンジともレモンともつかない不思議なフレーバーが特徴。ズングリしたガラスビンの「スィートキッス」が多くの人の記憶に残っていると思うが、現在は缶とペットボトルのみの流通。缶のほうは関東にはほとんど出まわっていないそうだ

●スィートキッス
（ペットボトルは関東・関西地区をメインに、缶は中部地区で販売）
発売年：1982年　価格：オープン価格
問合せ：株式会社チェリオジャパン／電話番号非掲載

花のくちづけ

春日井製菓の二代目社長・春日井康夫氏は、社内資料によると「感性の人」と評されていたそうだ。康夫氏が会社を引き継いだのは一九七三年。同社が「グリーン豆」を発売して大ヒットを記録した年だが、彼は豆菓子同様にキャンディーにもこだわり、「キャンディーも会社の財産。美しいキャンディーをどんどん開発しなさい」という方針を打ち出した。七〇年代はすでにキャンディー市場が極度に多様化され、競合商品も多かったのだが、そのなかでも同社が「ミルクの国」などの新しいキャンディーを次々にヒットさせることができたのも、二代目社長の力量なのだろう。

この「花のくちづけ」も二代目の「感性」が生んだ商品。当時、キャンディーの包装は画一的なデザインが多かったが、「美しい図版を施すように」と康夫氏が提言。花が大好きだった彼の意向でさまざまな花の絵柄が採用され、小さな植物図鑑のような美しいキャンディーが誕生した。メルヘンチックな商品名やCM、ミルクスモモという斬新な味が八〇年代のファンシーな感性とマッチし、大ヒットを記録した。

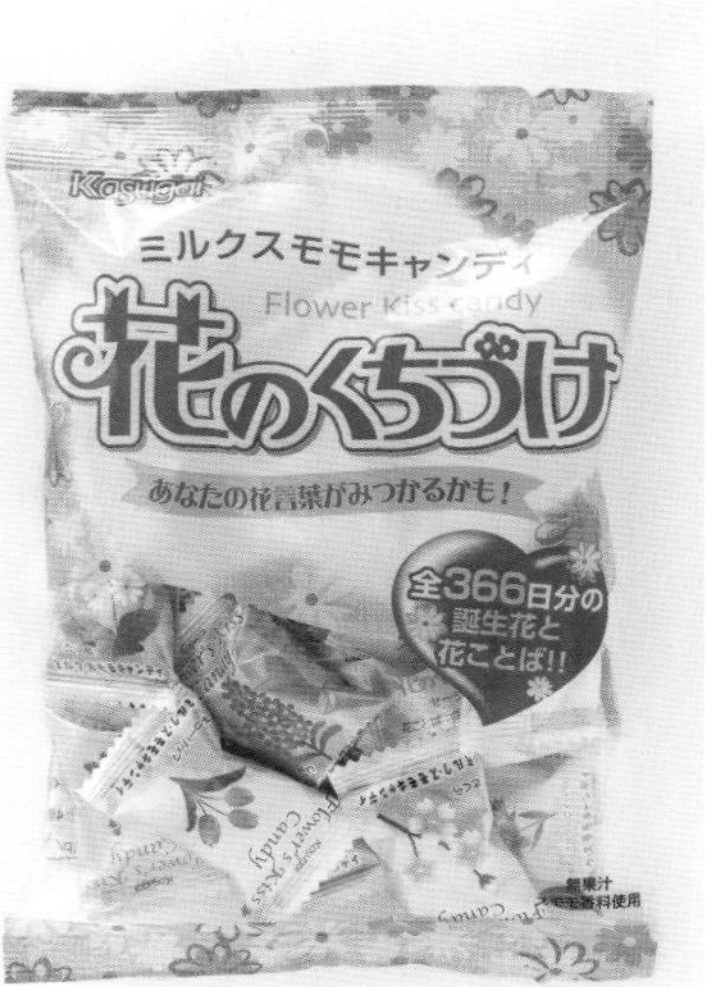

●花のくちづけ

発売年：1984年　価格：オープン価格

問合せ：春日井製菓株式会社／052-531-3700

個包装に計366日分の誕生花の美しい図版と、それぞれの花言葉をプリント。なんとも乙女感にあふれたキャンディーである。自分の誕生花が出てくる確率は単純計算で16袋に1個。この「誕生花探し」にハマるファンも多い

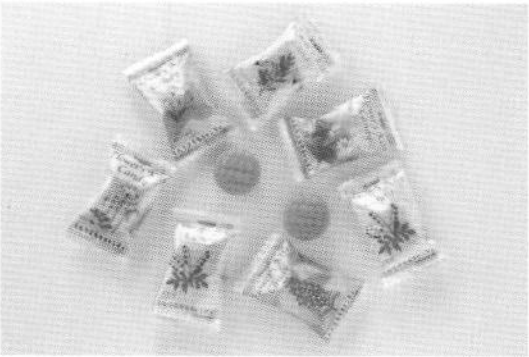

ミルクの国

春日井が八〇年代に発売したロングセラーのミルクキャンディー。北海道産の練乳と生クリームを使い、濃厚なミルクのコクを特徴とするキャンディーだ。ミルク缶を満載した馬車に揺られながら、女の子が「ミルクの国に遊びにこない？」と呼びかけるCMを覚えている人も多いだろう。九〇年代には『アルプスの少女ハイジ』とコラボしたレトロ調のアニメCMも放映され、僕ら世代の間でも話題になった。

実はこの「ミルクの国」、日本のキャンディー市場の流れをガラリと変えてしまった歴史的な商品である。意外と知られていないが、キャンディーにピロー包装（個包装）を施した最初の商品こそ、この「ミルクの国」なのだ。八四年にこの商品が登場するまで、日本のキャンディーは昔ながらのひねり包装が主流だった。ひねり包装は開封しやすいが、携帯中に包装がほどけてしまう難点がある。これを解決するために考案されたのがピロー包装だった。また、八四年といえばグリコ・森永事件が世間を震撼《しんかん》させていたころ。ピロー包装には食品の安全性を確保する意味合いもあった。

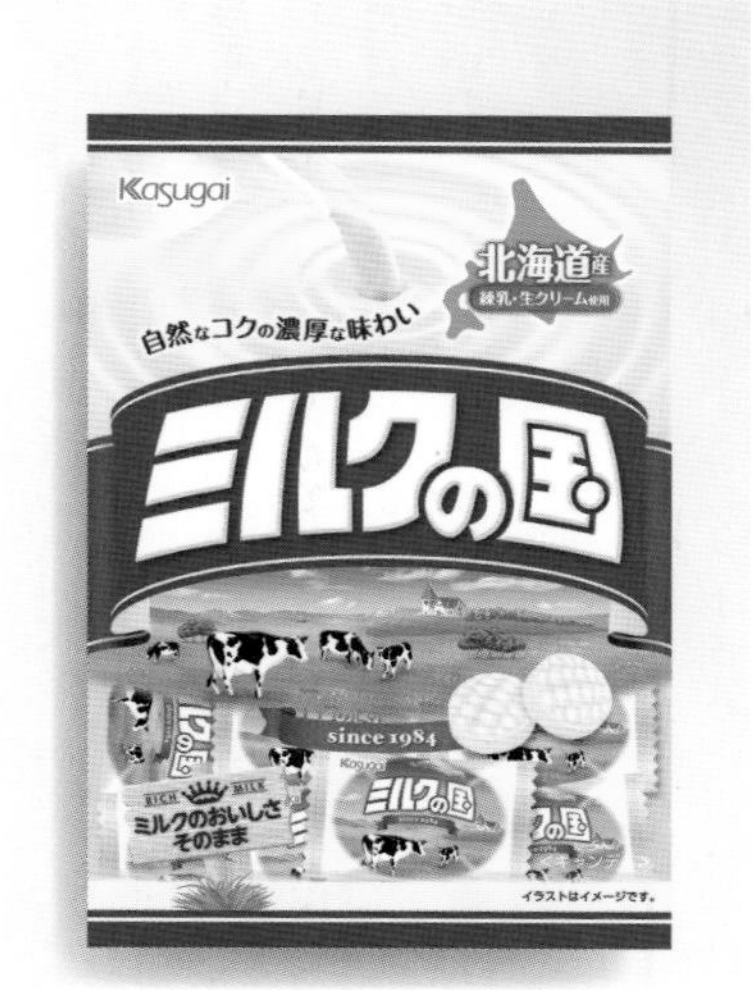

ミルクの自然なおいしさをそのまま味わえるキャンディー。発売当初は北海道の牧場のカラー写真がピロー包装の表面にプリントされていた。現在は同様のモチーフを描いたイラストがデザインされている

●ミルクの国

発売年：1984年　価格：オープン価格

問合せ：春日井製菓株式会社／052-531-3700

チーズおかき

お菓子としてもおつまみとしても、今やすっかりおなじみの定番商品となっている「チーズおかき」。が、登場時には「な、なんだこれは？」という驚きがあった。おかきにチーズクリーム？　しかもしょう油味？　こうした取り合わせは現在ではさして珍奇なものに感じられないだろうが、当時は「そんな常識破りなことをやってもいいのだろうか？」みたいな衝撃があった。また、リング状のおかきの穴から中身のチーズがのぞいている、という独特の構造も超斬新だったのだ。真ん中に穴が空いているおせんべいというのは、この商品が登場するまでは存在しなかったような気がする。

食べてみるまで味がまったく想像できなかったが、おかきとチーズとしょう油のマッチングは絶妙である。「焼いたお餅にしょう油をつけてチーズを乗せる」というおやつが「とろけるスライスチーズ」が発売されたころに流行ったが、あのおいしさをお菓子で再現した感じ。子どもにも大人にもウケる商品だ。欧風洋菓子のイメージが強いブルボンだが、早くから米菓にも取り組んできた同社の底力を示す傑作商品である。

キリッとしたしょう油味のおかきと、まろやかなチーズクリームの組み合わせが唯一無二の味わい。現在はオリジナルのほか、期間限定のカマンベールチーズ味や、ひと口サイズの「ミニ」版もある。また、海苔《のり》やローストアーモンドをトッピングした３種のおかきをパッケージした「味サロン」も好評

●チーズおかき

発売年：1984年　価格：300円

問合せ：株式会社ブルボン／0120-28-5605

きこりの切株

「擬態お菓子」とでも呼べばいいのか、なにかの形をしたお菓子が七〇年代後半から八〇年代にかけて続々と登場した。きっかけはもちろん明治の「きのこの山」。同シリーズの「すぎのこ村」など、今では消えてしまったものも多い。当時の明治はこのジャンルに尽力しており、葉っぱの形をした「木の葉」、花の形の「白い花」、貝の形をした「チョコ干がり」、さらには米俵をモチーフにした「ちょこだわら」なんてものも出していた。そういえばロッテも「ほおずき」なんていう妙にリアルなほおずき型チョコを出していたなぁ。カネボウの「ハンコください!!」という例外もあるが、どれも「自然」や「田舎」をモチーフにしているのは興味深い。そうした自然回帰的な「田舎憧れ」のムードとファンシー感の融合が、あの時代の気分だったのかもしれない。

　そうした商品のなかで、今もしっかり健在なのがブルボンの「きこりの切株」だ。八〇年代的「田舎ファンシー」なタッチを踏襲したパッケージデザインも懐かしい。今の子どもたちにも、このおもちゃ的なワクワク感はウケるだろう。

ザクッとした食感のビスケットの香ばしさと、まろやかなミルクチョコの組み合わせが絶妙。おなじみのキャラクターには特に名前はなく、「きこりのおじさん」が正式名称。現在は箱のフタ部分の裏側に「まちがいさがし」が楽しめるイラストつき

●きこりの切株

発売年：1984年　価格：150円

問合せ：株式会社ブルボン／0120-28-5605

棒付アニマル

大丸本舗がもっとも得意とする「仕込み飴」の技術でつくられたキュートな棒つきアメ。ウサギ、ゾウ、パンダ、ライオン、サルの五種の動物がデザインされている。同社の代表的なヒット商品のひとつで、現在は海外などでも大ウケなのだそうだ。

八〇年代初頭の発売時は一本五〇円のバラ売り。駄菓子屋などでも売られたようだが、これを見て「懐かしい！」と思った人は、ほとんどが当時の「ファンシーショップ」に通っていた元・女の子だろう。七〇年代なかばにサンリオの文具・雑貨が全国的に大ブレイクして、正規の「サンリオショップ」を含む「ティーンエイジャー向けのかわいい雑貨」の専門店が各地に急増した。ちょっとオシャレなチョコやキャンディーなども扱う店が多く、この「棒付アニマル」もそうした店でヒットしたのだ。

男子も「ファンシーショップ」にはお世話になっている。クラスの女子の「お誕生日会」にお呼ばれすると、誰もが必ず「ファンシーショップ」でプレゼントを購入したものだ。安くてかわいい「棒付アニマル」は、そういう用途にピッタリである。

日本の伝統的な「仕込み飴」の技術でファンシーな絵柄や色合いを表現。よく見るとイラストが本当に細かく、多量生産品にはない職人さんの「手作り感」がなんとも楽しい。通常の「仕込み飴」は口に入れてしまえばおしまいだが、棒つきなので「眺めながら味わう」ことも可能。子ども心を刺激する商品だ。
http://www.daimaruhonpo.co.jp

●棒付アニマル

発売年：1980年代前半　価格：オープン価格
問合せ：有限会社大丸本舗／0568-32-0613

エブリバーガー

「きこりの切株」同様、こちらもブルボンが誇るロングセラーの「擬態お菓子」。チョコとビスケットでハンバーガーの形を再現したチョコスナックだ。バンズにゴマに見立てたうるちひえパフがトッピングされたりしていて、非常に芸が細かい。

一九七一年にマクドナルド一号店が銀座にオープンして以来、ハンバーガーは若者文化を象徴するファッショナブルな食べ物となった。八〇年代に入ると、各地に「森永ＬＯＶＥ」や「ロッテリア」など、国内の企業が運営するチェーン店も急増。ハンバーガーショップに学校帰りの中高生が入り浸る、なんて光景がおなじみのものとなる。ハンバーガーが子どもたちの日常に浸透し、非常に身近なものになったのだ。

この時期のハンバーガー型お菓子として思い出すのは、森永の「アイスバーガー」。パッケージまでマクドナルドの容器を再現したハンバーガー型アイスだった。その数年後に登場したのが「エブリバーガー」だ。極小サイズのハンバーガーという秀逸なアイデアと、八〇年代ファンシー感にあふれたパッケージで子どもたちを魅了した。

まろやかなミルクチョコレートをサクサクした食感のビスケットでサンド。ひと口サイズで造形されたハンバーガーの形も極めてリアルだ。ブルボンの同種の商品では、ほかに「チョコあ〜んぱん」「チョコメロ〜ンぱん」がある

●エブリバーガー

発売年：1985年　価格：150円

問合せ：株式会社ブルボン／0120-28-5605

キュービィロップ

発売が一九八六年というと、僕らの世代は「まだ新しいじゃないか」なんて思ってしまうのだが、実に三〇年以上も昔の話である。考えてみれば、僕がどうしてこの商品に強烈な印象を持っているかというと、往年の名物ラジオ番組「ビートたけしのオールナイトニッポン」を聞いていたころ、さんざんＣＭを耳にしていたからだ。「キュビキュビ、キュ～ビガ～ル」という、ちょっと’50ｓタッチの印象的なＣＭソングと、女の子が語りかける「四角いキッスを召しあがれ」というキャッチコピーが耳に残っている人も多いだろう。そう考えると、やはり「大昔」という気がしてくる。

米菓、スナック、豆菓子など、ブルボンは多様な商品をカバーしているが、キャンディーについても一九二五年のドロップ製造以来の長い歴史がある。「キュービィロップ」は、そんな同社が満を持して発売した画期的な商品だった。小さな立方体のキャンディーというスタイルも斬新だったが、これが色違いで二粒ずつピロー包装されている。こうした形態は前代未聞で、この個包装の技術開発に非常に苦労したそうだ。

ペアになって包装された四角い宝石のような超小粒キャンディー。なんともポップでカラフルな商品だ。味はグレープ、マスカット、ストロベリー、オレンジ、パイナップル、ボイセンベリー、ピーチ、レモンの８種。「これとこれを一緒に食べるとおいしい」と、自分だけの組み合わせを見つける楽しみもある

●キューピィロップ

発売年：1986年　価格：150円
問合せ：株式会社ブルボン／0120-28-5605

星たべよ

「ばかうけ」の栗山米菓が誇るもうひとつの代表的ロングセラー。発売当時、「え？星型のおせんべい？」と目を丸くした記憶を持つ人も多いと思う。この画期的な形状のおせんべいが誕生するまでには、やはり並々ならぬ苦労があったらしい。

一番の難問は破損のしやすさ。開発のテーマは「他商品と差別化が図れる星型で、なおかつソフトせんべい」というものだった。ただでさえ割れやすいソフトせんべいを星型にすると、どうしても尖《とが》った部分が割れてしまう。何度も改良してみたがなかなかうまくいかず、それでも最後まで星型にこだわった。そして中心に「へそ」と呼ばれるくぼみをつけたり、とんがり部分に丸みを持たせるなどの工夫を重ね、ようやく商品化に成功した。「プロジェクトX」並みの物語を持つ商品なのである。

こうして生まれた星型は、ファンシーな八〇年代に見事にマッチ。幼稚園や学童保育のおやつとしても大人気となり、米菓の新たなニーズを創出した。今では世代を超えて親しまれる定番商品。園児時代に食べた人には懐かしお菓子の代表だろう。

●星たべよ

発売年：1986年　価格：オープン価格
問合せ：株式会社栗山米菓／0120-957-893

ソフトな食感とお米の風味がきわだつ上新粉を使用。基本の「しお味」のほか、6種の野菜を練り込んだ「やさい」もある。毎年、七夕シーズンになるとオリジナルの期間限定バージョンも発売される

チーズワッフル

八〇年代後半、斬新な「ワンハンドスナック」として突如登場した「原宿ドッグ®」。僕が初めて目撃したのは、ネーミングのとおり原宿の歩行者天国の屋台だったと思う。「なんだ、これは?・」と思ってからほどなく、爆発的なブームとなって全国に普及、あちこちで見かけるようになった。遊園地や各種観光施設の売店、デパートや大型スーパーのスナックスタンド、商店街のパン屋さん、喫茶店、さらには当時の小中学生にとっては、給食メニューとしてもおなじみのものとなる。個人的な印象としては、各地の遊園地などのプールサイドでは必ず売られていた、という記憶がある。「いつも暑い太陽の下で、濡れた手で食べていた」というイメージの商品なのだ。

「原宿ドッグ®」の発売元は、老舗冷凍食品メーカーのニチレイ（現・ニチレイフーズ）。「若者がアウトドアで手軽に食べられるスナック」というコンセプトで開発し、八七年に業務用商品として販売した。八九年には家庭用冷凍食品としても発売され、原宿駅を背景にブルドッグのロボット（?・）が登場するテレビCMも放映されている。

現在は「チーズワッフル」の名で市販されるが、当初は家庭用商品の名称も「原宿ドッグ®」だった（左）。業務用商品に特徴的な商品名がつくことは異例で、ユニークなネーミングもヒットの要因となった。店舗によっては「ワッフルバー」「青山ドッグ」「シルクロードケーキ」などの名で売られたこともあったとか

●チーズワッフル（チーズ、カスタード、ココアバナナの３種）

発売年：1987年（家庭用商品としては1989年）

価格：オープン価格

問合せ：株式会社ニチレイフーズ／0120-69-2101

甘食

我々世代の子ども時代にも、すでにクラシカルなおやつという印象だった甘食。いわゆる「町のパン屋さん」は必ず扱っていたものだが、筆者が小学校の高学年になったころには家族経営の対面式パン屋さん（ショーケースから商品を選ぶパン屋さん）は次々に姿を消し、トレイとトングで客が勝手に好きなパンをチョイスする店が増えていった。「菓子パン」ではなく「デニッシュ」を扱うこの種の店に甘食は似合わないらしく、一時は見かけることも少なくなった。むしろ、コンビニやスーパーにレトロ系のパンが並ぶ現在のほうが、甘食に出会う機会はずっと多くなったように思う。

ここで紹介するのは山崎製パンの商品。ルックスも味わいも「これぞ甘食！」という王道路線である。同社が手がける最古の商品のひとつで、発売年に関する資料が残っていないほどの超ロングセラー。懐かしさが堪能できるのはもちろんだが、僕の記憶では、子ども時代に食べた甘食はやたらと上顎にニチャニチャとくっついて食べにくかった。ヤマザキの甘食はそういうことが起こらず、食感も風味も良好である。

●甘食

発売年：不明　参考価格：8個入り193円
問合せ：山崎製パン株式会社／0120-811-114

ヤマザキの甘食はタマゴのコクとサッパリした口溶けのよさが特徴。そもそもの甘食の元祖は、1894年に東京の清新堂という店が発売した「イカリ印のまき甘食」。クリスチャンだった店主が親交のあった外国人牧師からヒントをもらい、欧米のマフィンを参考に開発したという

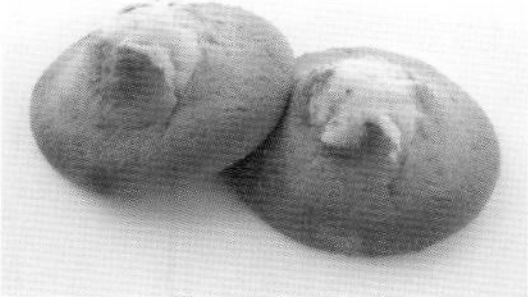

三角シベリア

カステラでようかんをサンドした一種の和風ケーキ。祖父の好物だったので子どものころから多少のなじみはあったが、実際に食べたことは数えるほどしかないと思う。記憶もおぼろげで、本書の取材で現物を目にするまで「シベリア」の中身はあんこだと思っていた。かつて祖父が食べていたような昔ながらの三角形のものは少なくなり、昨今では長方形のものや、スーパーで売られる袋詰めのミニサイズが主流になっている。が、ヤマザキの「三角シベリア」は、その名のとおりあの懐かしい直角三角形タイプ。てっぺんの鋭い角をかじってフカフカ感を堪能する楽しみが味わえる。「シベリア」が普及したのは明治末期から大正初めごろ。ほとんど東京近郊限定の商品だったようだ。気になる名前の由来だが、これには諸説ある。「断面がシベリアの凍土に似ている」「ようかんの黒い帯をシベリア鉄道に見立てた」「ようかんを包むカステラをシベリアで用いられる防寒コートに見立てた」などの説があるが、どれもかなりの無理があり、要するに「なんとなく命名された」ということなのだろう。

山崎製パンのロングセラーのなかでも最古参商品のひとつ。あまりに古すぎて資料が残っておらず、いつ発売したのかメーカーにも特定できないそうだ。未体験の若い世代には「カステラ＋あんこ」は激甘だと躊躇《ちゅうちょ》するだろうが、意外にもアッサリした味わい。あとを引くおいしさなのだ

●三角シベリア

発売年：不明　参考価格：100円

問合せ：山崎製パン株式会社／0120-811-114

フィンガーチョコレート

イーグル製菓は大阪に拠点を置く製菓会社。創業一九三二年の老舗で、「ミキストヌガー」「イーグルヌガー」などで優秀なお菓子に与えられるさまざまな賞を受賞した歴史を持つメーカーだ。現在はバリエショーン豊かなチョコレート、伝統製法でつくられるキャラメル、贈答用などに用いるプリンやゼリーなどを製造している。

同社が古くから手がけているのが、この「フィンガーチョコレート」。あまりに古すぎて、正確な発売年を特定する資料が社内にも残っていない。「フィンガーチョコレート」は一説によれば大正時代から流通していたらしいが、一九五〇年代に広く普及した。僕ら世代には森永などの長方形の紙箱に入ったスタイルがおなじみだが、五〇～六〇年代は紙ラベルつきの袋包装が主流だった。イーグル製菓の「フィンガーチョコレート」は、今もその当時の形態で販売されている。サクッとしたクッキーの軽い食感、まろやかなチョコレートの味わいも、「これぞフィンガーチョコレート！」と叫びたくなる懐かしさ。王道かつ正統の貫禄を湛《たた》えた商品だ。

●フィンガーチョコレート

発売年：不明　価格：500円
問合せ：イーグル製菓株式会社／03-6804-6311

金・銀の紙で包装されるのが定番だったが、この商品は贅沢《ぜいたく》にもすべて金で統一。昔ながらの製法で一本一本丁寧につくられている。ちょっと硬めで香ばしいビスケットの味わいが特に懐かしい

た

な

は

索　引

あ

か

さ

取材にご協力いただいた各企業・店舗様に心より感謝いたします。

アサヒグループ食品
飴屋六兵衛本舗　飴谷製菓
イーグル製菓
石垣食品
イトウ製菓
江崎グリコ
黄金糖
梶谷食品
春日井製菓
カバヤ食品
亀田製菓
カルケット
カルビー
玉露園食品工業
金城製菓
栗山米菓
ＳＡＷＡ
サントリーホールディングス
サンヨー堂
三立製菓
ジャパンフリトレー
零一食品
大丸本舗
宝製菓
竹下製菓
竹田本社
チェリオジャパン
でん六
常盤堂製菓
ニチレイフーズ
日清製菓
日本コカ・コーラ
ネスレ日本
パイン
ハインツ日本
ハウスウェルネスフーズ
ハウス食品
不二家
船岡製菓
ブルボン
丸井スズキ
丸善
三矢製菓
明治
名糖産業
森永製菓
モロゾフ
山崎製パン
雪印メグミルク
洋菓子のヒロタ
リマ
ロッテ

まだある。

今でも買える"懐かしの昭和"カタログ ～おやつ編 改訂版～

2007年 4月10日　初版第一刷発行
2020年 7月20日　改訂第二版第一刷発行

大空ポケット文庫

著　者　初見健一
発行者　加藤玄一
発行所　株式会社 大空出版
東京都千代田区神田神保町3-10-2 共立ビル8階　〒101-0051
電話番号　03-3221-0977
ホームページ　https://www.ozorabunko.jp/
※ご注文・お問い合わせは、上記までご連絡ください。

写真撮影――関 真砂子
デザイン――大類百世、磯崎優
校正――齊藤和彦
印刷・製本――シナノ書籍印刷株式会社
取材協力――NPO法人文化通信ネットワーク

ISBN978-4-903175-94-2　C0177